高等职业院校信息技术基础系列教材

U0683890

信息技术基础

上机实验指导

（Windows 10+ Office 2016）

Computer Experiment Guidance
for Information Technology
Foundation

孙二华 张运来｜主编

许倩 贾文杰｜副主编

武春岭｜主审

人民邮电出版社

北 京

图书在版编目（CIP）数据

信息技术基础上机实验指导：Windows 10+Office 2016 / 孙二华，张运来主编. -- 北京：人民邮电出版社，2023.7
高等职业院校信息技术基础系列教材
ISBN 978-7-115-61702-6

Ⅰ. ①信… Ⅱ. ①孙… ②张… Ⅲ. ①Windows操作系统—高等职业教育—教材②办公自动化—应用软件—高等职业教育—教材 Ⅳ. ①TP316.7②TP317.1

中国国家版本馆CIP数据核字(2023)第076942号

内 容 提 要

本书是《信息技术基础（Windows 10+Office 2016）》的配套教材，以 Windows 10 和 Office 2016 为平台，通过设置"提升训练"和"考核评价"模块来全面提高读者的信息技术应用能力。

本书构建了单元式的教材结构，全书分为 6 个单元，与主教材《信息技术基础（Windows 10+Office 2016）》相对应，分别为使用与维护计算机、配置与使用 Windows 10、操作与应用 Word 2016、操作与应用 Excel 2016、操作与应用 PowerPoint 2016，以及应用互联网技术与认识新一代信息技术。

本书可以作为高校各专业"信息技术基础"课程的教材，也可以作为计算机相关培训课程的培训用书及计算机爱好者的自学参考书。

◆ 主　　编　孙二华　张运来
　　副主编　许　倩　贾文杰
　　主　　审　武春岭
　　责任编辑　郭　雯
　　责任印制　王　郁　焦志炜
◆ 人民邮电出版社出版发行　　北京市丰台区成寿寺路 11 号
　　邮编　100164　电子邮件　315@ptpress.com.cn
　　网址　https://www.ptpress.com.cn
　　大厂回族自治县聚鑫印刷有限责任公司印刷
◆ 开本：787×1092　1/16
　　印张：7　　　　　　　　　　2023 年 7 月第 1 版
　　字数：172 千字　　　　　　2025 年 1 月河北第 4 次印刷

定价：29.80 元

读者服务热线：(010)81055256　印装质量热线：(010)81055316
反盗版热线：(010)81055315
广告经营许可证：京东市监广登字 20170147 号

前　言

随着各行各业对于信息技术的广泛应用，熟练使用信息技术的相关技能已经成为学生就业的基本要求之一。

本书积极落实党的二十大报告中提出的相关要求，做到学科教育和习近平新时代中国特色社会主义思想，以及党的二十大精神有机融合，在编写过程中力求落实"四个自信"和"两个维护"。本书的主要特点和创新点总结如下。

（1）兼顾计算机等级考试和信息技术实际应用

本书构建了单元式的教材结构，全书分为 6 个单元，内容覆盖全国计算机等级考试和全国计算机软件水平考试的相关内容。

（2）形成完善的技能训练与技能考核体系

主教材《信息技术基础（Windows 10 + Office 2016）》设置了两个层次的训练：单项"操作"和综合性实践"任务"。"操作"主要针对基础知识和基本方法进行单项训练，以满足读者熟练掌握基础知识和获得基本技能的需要；"任务"主要针对文档处理、数据处理和 PPT 制作等实际工作中的具体实现方法，引导读者思考、领会知识的应用方法，并熟悉相关的操作步骤和实用技巧，以满足读者按要求快速完成工作任务的需要。

（3）提升训练与技能测试有机结合

全书共设置了 25 项提升训练任务和 32 项技能测试任务，将整个教学过程贯穿于完成任务的全流程。"提升训练"以典型工作任务为载体组织教学内容，其内容来源于活动组织、教学管理、产品销售等方面的真实需求，具有较强的代表性和职业性，目的是提升读者分析问题和解决问题的综合能力。"技能测试"以"学习型操作任务"为载体组织教学内容，只给出任务描述和操作要求，可以考核读者的方法应用和问题解决的能力。

本书由重庆建筑科技职业学院孙二华、张运来任主编，许倩、贾文杰任副主编，重庆电子工程职业学院武春岭为主审。其中，许倩、贾文杰负责编写单元 1、单元 2 和单元 6，孙二华、张运来负责编写单元 3 至单元 5，书中的部分训练和测试内容由重庆瀚海睿智大数据科技有限公司提供。

由于编者水平有限，书中难免存在疏漏之处，敬请各位专家和读者批评指正。

编　者

2023 年 3 月

目　录

使用与维护计算机

【提升训练】

【训练 1-1】保养与维护台式计算机

【训练描述】

一台计算机如果维护得好，它就会一直处于比较良性的工作状态，可以充分发挥作用；相反，如果维护得不好，它可能会处于较差的工作状态，甚至会导致数据丢失，造成用户无法挽回的损失。因此，做好计算机的日常保养与维护是十分必要的。

按以下正确方法对台式计算机进行日常保养与维护。

【训练实施】

---

1. 计算机摆放位置要合适

① 由于计算机在运行时不可避免地会产生电磁波，形成磁场，最好将计算机放置在离电视机远一点的地方，这样做可以防止计算机的显示器和电视机屏幕互相磁化，也可以防止交频信号互相干扰。

② 由于计算机是由许多精密的电子元器件组成的，务必将计算机放置在干燥的地方，以防止环境潮湿引起电路短路。

③ 由于计算机运行过程中中央处理器（Central Processing Unit，CPU）会产生大量的热量，如果不及时对计算机散热，则有可能导致 CPU 过热，甚至工作异常，因此最好将计算机放置在通风良好的位置。

2. 计算机开关机顺序要正确

① 正确开机。开机时先打开外部设备（显示器、打印机等），再打开主机，因为外部设备在启动时一般会产生高压（继而形成大电流），然后冲击 CPU。但是个别计算机如果先打开外部设备（特别是打印机）则主机无法正常工作，这种情况下应该采用相反的开机顺序。

② 正确关机。一般情况下，关机顺序与开机顺序相反，应该先关闭主机，待主机彻底关闭后再关闭外部设备。这样可以避免主机的一些部件受到大电流的冲击。

关机后最好等待 10 秒以上再重新开机，这样有助于减少对计算机元器件的损害，延长计算机的使用寿命。

【注意】关机后不要立刻重新开机，也不要频繁地开关机。关机后立即通电会使电源装置产生突发的大电流，造成计算机的电子元器件损坏，也可能造成磁盘运行突然加速，使盘片被磁头划伤。出现雷雨天气或断电、电压不稳定等情况时，最好不要打开计算机。

3. 计算机散热要顺畅

计算机散热不足会导致很多计算机故障。整个系统的散热情况会直接影响计算机的稳定性和性能，长期散热不足，很可能引发更严重的问题，对系统危害极大。计算机及时散热，可以有效延长计算机中硬件的使用寿命。

① 摆放主机时，要选择利于空气流通的位置。主机机箱周围要留有足够的散热空间，不要堆放杂物。尤其要注意机箱上的各个进风口（通常在机箱前面）和出风口（在机箱后面）周围。

② 不使用计算机时最好关机。使用屏幕保护程序时，也不要忘记此时计算机的功率并不比平时低多少，发热量不能小视。显示器最好设置为闲置15～20分钟后进入节能模式。这些措施可以节省能源并且延长计算机使用寿命。

③ 机箱的体积和结构对散热起着至关重要的作用。一般而言，大体积的机箱对散热是有益的，因为它允许更多的空气流经各个组件。

④ 确定机箱中能形成正常的气流。机箱内形成正常气流的一般表现为机箱的前面吸风，后面和顶部抽风。机箱中空余插槽对应位置的挡板一定要装上，主板接口的挡板也要装好。也就是说，除了机箱自身预留的进风口和出风口之外不要留其他进出风口，这样才能保证机箱内形成理想的气流流向。结构良好的机箱都会预留进风口、出风口风扇的位置，机箱内形成由下至上、由前至后的良好气流，也能为CPU和显卡等发热量大的组件及时提供冷空气，使得CPU和显卡等组件的温度进一步降低。此外，还要确定气流不会被挡住，尽量不要让机箱内的走线挡住重要的气流位置，线也要扎成一束一束的，且越少越好。

⑤ 灰尘也会对散热产生很大的不良影响，所以计算机周围的环境一定要干净，要及时清除附在电源风扇和机箱风扇上面的灰尘，加强散热效果。

4. 计算机清洁要做好

① 要完全防止灰尘进入机箱是不可能的，因为机箱需要对外散热，各个风扇会对外交换空气，难免有灰尘进入，所以也需要定期清除计算机所在室内的灰尘以保持计算机内的清洁。

② 如果不定期清除灰尘，灰尘会越积越多，严重时，甚至会导致电路板的绝缘性能下降，引发短路、接触不良、霉变等问题，造成硬件故障。因此要养成定期清除灰尘的好习惯，定期打开机箱，用干净的软布、不易脱毛的小毛刷、吹气球等工具清除机箱内部灰尘。主机表面的灰尘可用潮湿的软布和中性高浓度的清洗液清除。

③ 对于键盘而言，也会有灰尘落在键帽下而影响按键的灵敏度的情况。使用一段时间后，可以将键盘翻转过来，适度拍打，将落在键帽下面的灰尘抖出来。

④ 加固各部位托架螺栓，防止螺栓松动造成元器件受损。切忌将一个螺栓一次拧到底，正确的方法是：如果托架有四颗螺栓，则对角轮流逐步上紧；有两颗螺栓，则轮流逐步上紧，直到托架稳固为止。

⑤ 由于CPU风扇和电源风扇长时间高速旋转，轴承受到磨损后散热性能降低还会发出很大的噪声，因此要及时更换CPU风扇和电源风扇。

【注意】打开机箱清洁时，尽可能戴手套进行操作，以免静电击穿元器件。

5. 静电产生要预防

人体或多或少总会带有一些静电，如果在使用计算机时不加以注意，很有可能导致计算机配件损坏。如果需要插拔计算机的配件（如显卡、内存），在接触这些配件之前，首先应该使身体与接地的金属或其他导电物体接触，释放身体上的静电，以免破坏计算机的配件。在冬天尤其需要注意静电对计算机的损坏。

6. 计算机内的垃圾文件和磁盘碎片整理要及时

① 系统在运行中会囤积大量的垃圾文件，垃圾文件不仅会占用大量磁盘空间，还会导致系统的运行速度变慢，所以这些垃圾文件必须清除。

② 磁盘碎片的产生是因为文件被分散保存到整个磁盘的不同地方，而不是连续地保存在磁盘的簇中。磁盘碎片一般不会对系统造成损坏，但是磁盘碎片过多的话，系统在读文件时来回进行寻找，就会引起系统性能的下降，容易导致存储文件丢失，严重时还会缩短磁盘的使用寿命。因此，要定期对磁盘碎片进行整理，以保证系统正常、稳定地运行。我们可以用系统自带的"磁盘碎片整理程序"来整理磁盘碎片。

7. 插拔、装卸操作要谨慎

在计算机运行过程中，不要搬动主机箱或使其受到震动，不要插拔各种网络接口卡，也不要装卸外部设备和主机之间的信号电缆。如果需要进行上述操作，则必须在关机且断开电源线的情况下进行。

【训练 1-2】保养与维护笔记本电脑配件

【训练描述】

按以下正确方法合理保养与维护笔记本电脑配件。

【训练实施】

1.　保养与维护笔记本电脑外壳	2.　保养与维护笔记本电脑硬盘
① 防止笔记本电脑外壳被磨损和划伤。 ② 清洁笔记本电脑外壳的污渍。 笔记本电脑外壳很容易沾染指纹、灰尘等污渍，可以采用不同的手段来清理这些污渍，普通污渍可以使用柔软的纸巾加少量清水清洁，指纹、汗渍、饮料痕迹、圆珠笔痕迹等可以用专用清洁剂进行清洁。	① 尽量在平稳的状况下操作笔记本电脑，避免在容易晃动的地点操作。 ② 开关机过程是硬盘最脆弱的时候。此时硬盘轴承旋转尚未稳定，若产生震动，则容易导致坏轨。如果要移动笔记本电脑，建议关机后等待 10 秒左右再移动。 ③ 平均每月执行一次磁盘碎片扫描及整理，以提高磁盘存取效率。
3.　保养与维护液晶显示屏	4.　保养与维护笔记本电脑电池
① 不要用力盖上液晶显示屏上盖或者放置任何异物在键盘及液晶显示屏之间，避免因重压而导致液晶显示屏内部组件损坏。 ② 长时间不使用笔记本电脑时，可使用键盘上的功能键暂时将液晶显示屏电源关闭，除省电外还可延长液晶显示屏使用寿命。 ③ 不要用手指甲及尖锐的物品触碰液晶显示屏表面，以免刮伤液晶显示屏。 ④ 液晶显示屏表面会因静电而吸附灰尘，建议购买液晶显示屏专用擦拭布来清洁液晶显示屏屏幕，且应轻轻擦拭。不要用手指擦除以免留下指纹。 ⑤ 不要使用化学清洁剂擦拭液晶显示屏屏幕。 ⑥ 液晶显示屏切忌碰撞，千万不能在液晶显示屏上面划刻。 ⑦ 液晶显示屏上最好贴保护膜，以保证液晶显示屏远离灰尘、指纹和油渍。	① 新购买的笔记本电脑的电池在第一次使用时，并不需要预先做深充、深放，只需要正常充电、使用即可。 ② 在使用外接电源供电时，笔记本电脑会自动为电池充电，充满后充电电路会自动关闭，不会发生过充现象。 ③ 电池在直接使用的情况下，满充、满放的次数为 300～500 次，但电池的过度放电会缩短电池的使用寿命，所以当系统提示电量不足时应及时充电。 ④ 频繁地插拔外接电源适配器会导致电池反复充放电，这样势必会降低电池的性能，因此应尽量避免此种操作。 ⑤ 12℃～25℃是最适合电池工作的环境温度，温度过高或过低的工作环境将缩短电池的使用时间。 ⑥ 要避免压迫、暴晒、受潮、靠近火源、化学液体侵蚀、电池触点与金属物接触等情况的发生。
5.　保养与维护笔记本电脑键盘	6.　保养与维护笔记本电脑触控板
① 键盘上积聚大量灰尘时，可用小毛刷来清洁缝隙，或使用迷你吸尘器来清除键盘上的灰尘。 ② 清洁键盘表面。可在软布上沾上少许清洁剂，在关机且断电的情况下轻轻擦拭键盘表面，清除键盘上的灰尘和碎屑。 ③ 使用键盘时尽量不要留长指甲，因为长指甲可能刮坏键盘。	① 使用触控板时应保持双手清洁，以免发生光标"乱跑"现象。 ② 不小心弄脏触控板表面时，可用干布沾湿一角轻轻擦拭，不可使用粗糙布等物品擦拭。 ③ 触控板是感应式精密电子组件，勿使用尖锐物品在触控板上书写，使用时也不可重压，以免造成损坏。
7.　保养与维护笔记本电脑光驱	8.　保养与维护笔记本电脑外接电源适配器
光头组件是光驱内部最重要的部件，因此尽量不要使用劣质的或不规则的光盘片，以防损坏光头。使用一段时间后要定期用专门的清洗盘清洗一下光头。	电压不稳时可将外接电源适配器拔下，利用电池供电，保护外接电源适配器，以延长其使用寿命。

【训练 1-3】分析台式计算机常见故障的产生原因

【训练描述】

台式计算机在使用过程中可能会出现以下故障，请分析可能产生这些故障的主要原因。

① 开机无法显示。

② 计算机关机失败。

③ 计算机出现黑屏。

④ 计算机突然死机。

⑤ 计算机自动重启。

【训练实施】

1. 开机无法显示	2. 计算机关机失败
【原因分析】 ① 硬盘上的数据丢失，导致基本输入输出系统（Basic Input/Output System，BIOS）设置被破坏。 ② 主板扩展槽或扩展卡有问题，槽内有灰尘或者扩展槽本身被损坏。 ③ 免跳线主板在互补金属氧化物半导体（Complementary Metal Oxide Semiconductor，CMOS）里设置的 CPU 主频不正确。 ④ 内存损坏或者内存不匹配，导致主板无法识别内存。	【原因分析】 ① 系统文件中自动关机程序存在缺陷。 ② 应用程序存在缺陷。 ③ 关闭 Windows 时设置使用的声音文件被破坏。 ④ 外部设备和驱动程序兼容性不好，不能响应快速关机的请求。 ⑤ 计算机病毒破坏系统文件。
3. 计算机出现黑屏	4. 计算机突然死机
【原因分析】 ① 外部电源功率不足，外部电源电压不稳定，电源开关电路损坏或者内部短路，电路出现故障导致显示器断电，显示器数据线接触不良。 ② 主机电源损坏或主机电源质量不佳导致主板没有供电。 ③ 显卡、内存条接触不良或损坏。 ④ CPU 接触不良，CPU 被超频使用或被"误"超频使用。	【原因分析】 ① 计算机工作时间过长，导致 CPU、电源或显示器等散热不畅。 ② 内存条松动、虚焊或内存芯片本身有质量问题，内存容量不够。 ③ 硬盘老化或由于使用不当造成坏道、坏扇区。 ④ 计算机移动时受到震动，或者计算机内部元器件松动。 ⑤ 主板主频和 CPU 主频不匹配。

5. 计算机自动重启	
【原因分析】 软件方面可能的原因。 ① 计算机病毒导致计算机重启。 ② 系统文件损坏或被破坏，导致系统在启动时会因无法完成初始化而强制重新启动。 ③ 定时软件或计划任务软件起作用。如果在"计划任务栏"里设置了重新启动或加载某些工作程序，当设置的定时时间到来时，计算机也会再次启动。	【原因分析】 硬件方面可能的原因。 ① 机箱电源功率不足。 ② 内存热稳定性不良、芯片损坏或者设置错误。 ③ CPU 的温度过高，散热不好。 ④ 接入有故障或不兼容的外部设备。 ⑤ 机箱前面板"Reset"（复位）开关有问题或者机箱内的"Reset"开关引线短路。 ⑥ 强电磁干扰。

【训练 1-4】分析并排除笔记本电脑的常见故障

【训练描述】

笔记本电脑在使用过程中可能会出现以下故障，分析可能产生这些故障的主要原因并排除这些故障。

① 笔记本电脑不加电（电源指示灯不亮）。

② 笔记本电脑的电源指示灯亮但系统不运行，液晶显示屏屏幕也无显示。

③ 显示图像不清晰。

④ 液晶显示屏无显示。

【训练实施】

1. 笔记本电脑不加电（电源指示灯不亮）	2. 笔记本电脑的电源指示灯亮但系统不运行，液晶显示屏屏幕也无显示
① 检查外接电源适配器是否与笔记本电脑正确连接，外接电源适配器是否正常工作。 ② 如果只以电池作为电源，检查电池型号是否为原配电池型号，电池是否充满电，电池安装是否正确。 ③ 检查电源是否正常。 ④ 检查、维修笔记本电脑主板。	① 按住电源开关并持续约 4 秒以关闭电源，再重新启动检查是否能正常启动。 ② 检查液晶显示屏是否正常显示。 ③ 检查内存是否插接牢靠。 ④ 尝试更换内存、CPU、充电板。 ⑤ 检查、维修笔记本电脑主板。
3. 显示图像不清晰	4. 液晶显示屏无显示
① 检测调节显示亮度后图像显示是否正常。 ② 检查显示驱动安装是否正确；分辨率是否适合当前的屏幕尺寸和型号。 ③ 检查背光控制板工作是否正常。 ④ 检查主板上的北桥芯片是否存在冷焊或虚焊现象。 ⑤ 检查主板后，对其进行维修或更换。	① 通过状态指示灯检查系统是否处于休眠状态，如果处于休眠状态，按电源开关键即可唤醒。 ② 检查液晶显示屏是否正常显示。 ③ 检查是否加入电源。 ④ 检查背光控制板后，对其进行维修或更换。 ⑤ 检查主板后，对其进行维修或更换。

【考核评价】

【技能测试】

【测试 1-1】列出 3 类计算机的性能和主要技术参数

通过中关村在线和太平洋电脑网了解 5 种当前最新的台式计算机、笔记本电脑、平板电脑，列出这 3 类计算机的性能和主要技术参数。

【测试 1-2】列出计算机配件的品牌、价格、性能参数

通过中关村在线和太平洋电脑网了解并列出 10 种计算机配件的品牌、价格、性能参数。

【测试1-3】列出品牌计算机的配置清单和参考价格

通过中关村在线和太平洋电脑网查看并列出价格范围为 5000～8000 元的品牌计算机的配置清单和参考价格，并了解其所用配件的主要技术参数。

【测试1-4】列出最新的打印机品牌、型号及主要性能

通过中关村在线和太平洋电脑网了解并列出当前最新的打印机品牌、型号及主要性能。

【习题】

1. 学校普遍使用的教学管理系统属于（　　　）。

　　A．应用软件　　　　B．系统软件　　　　　　C．字处理软件　　　　D．工具软件

2. 微型计算机硬件系统是由（　　　）、存储器、输入设备和输出设备等部件构成的。

　　A．硬盘　　　　　　B．显示器　　　　　　　C．键盘　　　　　　　D．CPU

3. 计算机从原理上包含运算器、控制器、（　　　）、输入设备和输出设备五大部件。

　　A．CPU　　　　　　B．内存　　　　　　　　C．存储器　　　　　　D．SQL

4. 微型计算机的字长与（　　　）有关。

　　A．控制总线　　　　B．地址总线　　　　　　C．数据总线　　　　　D．前端总线

5. 以下关于计算机病毒描述错误的是（　　　）。

　　A．计算机病毒是一组程序　　　　　　　　　B．计算机病毒可以传染给人

　　C．计算机病毒可以通过网络传播　　　　　　D．计算机病毒可以通过电子邮件传播

6. 为了缓解 CPU 与内存之间速度不匹配的问题，通常在 CPU 与内存之间增设（　　　）。

　　A．内存　　　　　　B．Cache　　　　　　　C．虚拟存储器　　　　D．流水线

7. 下列属于计算机内存的是（　　　）。

　　A．内存　　　　　　B．光驱　　　　　　　　C．U 盘　　　　　　　D．硬盘

8. 计算机中，存储器的功能是（　　　）。

　　A．进行算术运算和逻辑运算　　　　　　　　B．存储各种信息

　　C．保持各种控制状态　　　　　　　　　　　D．控制机器各个部件协调一致地工作

9. 计算机中运算器的主要功能是（　　　）。

　　A．存储各种数据和程序　　　　　　　　　　B．传输各种信息

　　C．进行算术运算和逻辑运算　　　　　　　　D．对系统各部件进行控制

10. 计算机的主机包括（　　　）。

　　A．运算器和显示器　　　　　　　　　　　　B．CPU 和内存

　　C．CPU 和 UPS　　　　　　　　　　　　　　D．UPS 和内存

11. 计算机的性能主要取决于（　　　）。

　　A．内存容量　　　　　　　　　　　　　　　B．磁盘容量

　　C．CPU 型号　　　　　　　　　　　　　　　D．价格

12. 用 MIPS 来衡量的计算机性能指标是（　　　）。

    A. 处理能力　　　　　B. 存储容量　　　　　C. 可靠性　　　　　D. 运算速度

13. 下列 4 项描述中，正确的一项是（　　　）。

    A. 鼠标是一种既可用于输入又可用于输出的设备

    B. 激光打印机是非击打式打印机

    C. Windows 是一种应用软件

    D. PowerPoint 是一种系统软件

14. 下列设备中，既能向主机输入数据又能接收由主机输出的数据的设备是（　　　）。

    A. CD-ROM　　　　　B. 显示器　　　　　C. U 盘　　　　　D. 光笔

15. 硬盘工作时应特别注意避免（　　　）。

    A. 噪声　　　　　B. 震动　　　　　C. 潮湿　　　　　D. 日光

16. 要让计算机稳定运作，应该（　　　）。

    A. 保持良好的散热环境　　　　　B. 保持电源稳定

    C. 恰当软硬件搭配　　　　　D. 以上皆是

17. 计算机在使用过程中，如果突然发出异常响声，应（　　　）。

    A. 记录下来　　　　　B. 叫别人帮忙　　　　　C. 立即断电　　　　　D. 等待

18. 下列选项中哪一项能带电进行操作？（　　　）

    A. 任何连接、插拔操作　　　　　B. 任何跳线

    C. 任何紧固或盖机箱盖操作　　　　　D. 机器调试

19. 维修计算机时，在打开主机箱接触配件之前，应该（　　　）。

    A. 关闭电源　　　　　B. 防止震动

    C. 对主机箱除尘　　　　　D. 释放人体上的静电

20. 关于硬盘保养不正确的是（　　　）。

    A. 注意防振　　　　　B. 不要在嘈杂的环境中使用

    C. 定期整理硬盘碎片　　　　　D. 要正确开机和关机

21. 正确退出 Windows 10 的操作是（　　　）。

    A. 直接关闭计算机电源　　　　　B. 在无任何程序执行的情况下关闭电源

    C. 按 Ctrl+Alt+Delete 组合键　　　　　D. 使用"开始"菜单中的"关闭"命令

配置与使用 Windows 10

【提升训练】

【训练 2-1】妙用 Windows 10 任务管理器

扫码观看
本任务视频

【训练描述】

"任务管理器"窗口提供了当前系统中运行的进程,以及系统的性能、应用历史记录、启动、用户、详细信息、服务等信息。请使用"任务管理器"窗口完成以下操作。

① 禁用不必要的启动项。

② 结束没有响应的应用程序。

③ 监视进程管理。

【训练实施】

1. 禁用不必要的启动项

许多应用程序(如杀毒软件、防火墙软件等)在 Windows 10 启动时会自动启动,这些自动启动的程序会影响系统的启动速度。因此,应尽量禁用不必要的启动项,提高系统的启动速度和性能。

首先在任务栏空白处单击鼠标右键,弹出快捷菜单,在其中选择"任务管理器"命令;也可以在"开始"按钮上单击鼠标右键,弹出快捷菜单,在其中选择"任务管理器"命令,打开"任务管理器"窗口。然后打开"启动"选项卡,在该选项卡中选择需要禁用的启动项,这里选择"360 安全浏览器 服务组件"选项,如图 2-1 所示。接着单击"禁用"按钮就会禁用对应的启动项,最后关闭"任务管理器"窗口。

2．结束没有响应的应用程序

在"任务管理器"窗口中的"详细信息"选项卡中可以查看正在运行的应用程序。如果存在没有响应的应用程序，则选择该应用程序，然后单击"结束任务"按钮，结束没有响应的应用程序。如果不能结束，则可打开"进程"选项卡来结束没有响应的应用程序。

图 2-1　选择需要禁用的启动项

3．监视进程管理

进程是系统当前正在运行的程序，有些进程是保证系统正常运行所需的进程，有些进程是应用程序进程，还有些进程是不必要的系统服务。打开"任务管理器"窗口，打开"进程"选项卡，如图 2-2 所示，在该选项卡中显示了进程信息。检查其中的"CPU"信息列，选择 CPU 占用率很大的非系统进程，单击"结束任务"按钮，结束进程。

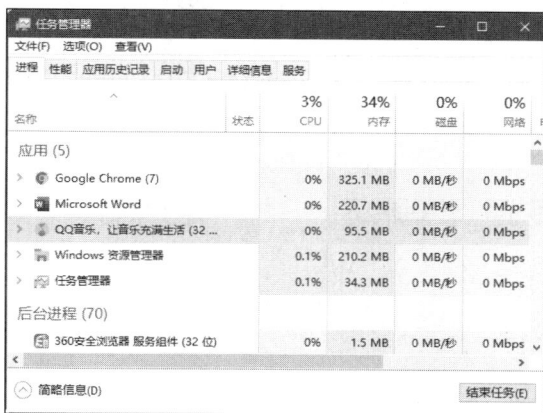

图 2-2　"任务管理器"窗口的"进程"选项卡

【训练 2-2】优化 Windows 的系统启动性能

【训练描述】

按以下方法对 Windows 10 的启动性能进行优化。

① 通过"服务"窗口禁用不必要的服务。

② 通过"系统配置"对话框禁用不必要的服务。

扫码观看
本任务视频

9

【训练实施】

1. 通过"服务"窗口禁用不必要的服务

Windows 10 启动时，随之也启动了许多服务，可以禁用不必要的服务，以提高启动速度，优化系统性能。禁用不必要服务的操作步骤如下。

右键单击"开始"按钮，弹出快捷菜单，在其中选择"运行"命令，打开"运行"对话框，如图 2-3 所示，在该对话框的"打开"下拉列表框中输入"services.msc"，按"Enter"键，打开"服务"窗口，如图 2-4 所示。

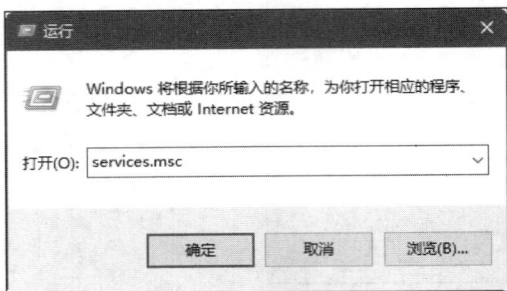

图 2-3 "运行"对话框

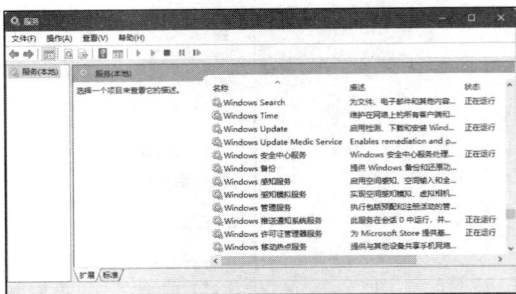

图 2-4 "服务"窗口

在"服务"窗口双击任意一个服务选项，弹出相应的"××的属性（本地计算机）"对话框，在该对话框"启动类型"下拉列表框中可以选择一种启动类型，包括"自动（延迟启动）""自动""手动""禁用"4 个选项，在"服务状态"区域有"启动""停止""暂停""恢复"4 个按钮，单击相应的按钮，可以改变服务状态。完成启动类型和服务状态设置后单击"确定"按钮或"应用"按钮即可。

这里在"服务"窗口双击"Windows Update"（自动更新服务），弹出"Windows Update 的属性（本地计算机）"对话框，如图 2-5 所示。

在"Windows Update 的属性（本地计算机）"对话框"启动类型"下拉列表框中选择"禁用"选项；在"服务状态"区域单击"停止"按钮，停止正在运行的自动更新服务，设置结果如图 2-6 所示。启动类型和服务状态设置完成后单击"确定"按钮或"应用"按钮即可。最后关闭"服务"窗口。

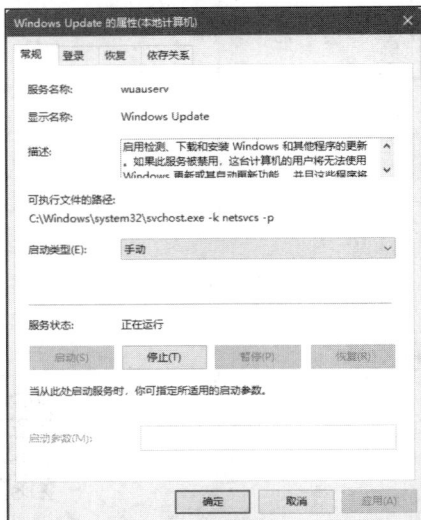

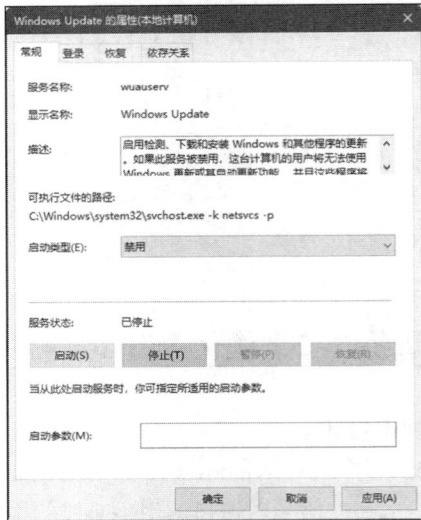

图 2-5 "Windows Update 的属性（本地计算机）"对话框　　图 2-6 停止正在运行的 Windows Update 服务

2．通过"系统配置"对话框禁用不必要的服务

打开"运行"对话框，在该对话框的"打开"下拉列表框中输入"msconfig"，按"Enter"键，打开"系统配置"对话框，该对话框的"常规"选项卡如图 2-7 所示。

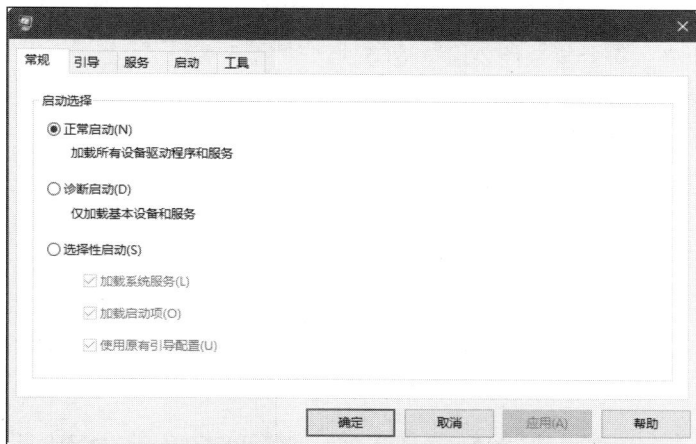

图 2-7　"系统配置"对话框的"常规"选项卡

切换到"服务"选项卡，在该选项卡中禁用不必要的服务，这里取消"360 杀毒实时防护加载服务"复选框的选中状态，如图 2-8 所示。然后单击"确定"按钮使设置生效并关闭该对话框。

图 2-8　"系统配置"对话框的"服务"选项卡

【训练 2-3】启用密码策略与设置密码规则

【训练描述】

有关账户密码复杂性的主要要求如下。

① 不能包含用户的账户名。

② 不能包含用户姓名中超过两个连续字符的部分。

扫码观看
本任务视频

③ 密码至少包含 6 个字符。

④ 密码至少包含以下 4 类字符中的 3 类字符：英文大写字母（A 到 Z）、英文小写字母（a 到 z）、10 个基本数字（0 到 9）和非字母字符（如!、$、#、%）。

根据以上要求设置如下密码策略，在更改或创建密码时执行复杂性要求。

① 启用"密码必须符合复杂性要求"策略。

② 设置密码长度最小值为 6 个字符。

③ 设置密码最短使用期限为 100 天。

④ 设置密码最长使用期限为 150 天。

【训练实施】

打开"运行"对话框，在该对话框的"打开"下拉列表框中输入"secpol.msc"，按"Enter"键，打开"本地安全策略"窗口，在左侧窗格的"安全设置"选项下展开"账户策略"节点，选中"密码策略"节点，右侧窗格中会出现多项密码策略，如图 2-9 所示。根据需要双击策略选项，在弹出的对话框中进行相应的设置即可。

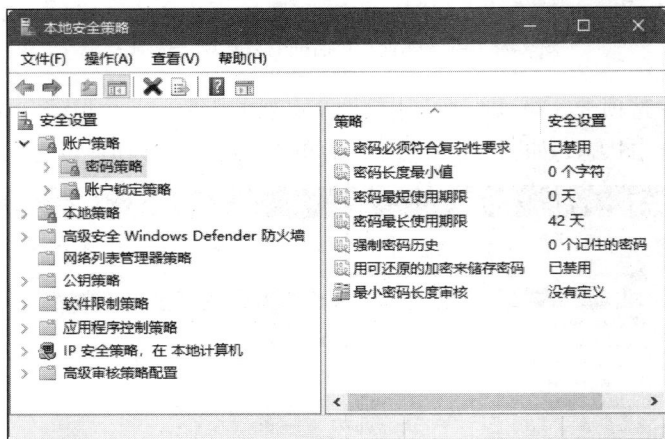

图 2-9 "本地安全策略"窗口

1．启用"密码必须符合复杂性要求"策略

在"本地安全策略"窗口右侧窗格中双击"密码必须符合复杂性要求"选项，打开"密码必须符合复杂性要求 属性"对话框，在"本地安全设置"选项卡中选择"已启用"单选按钮，如图 2-10 所示。然后单击"确定"按钮，即可启用"密码必须符合复杂性要求"策略。

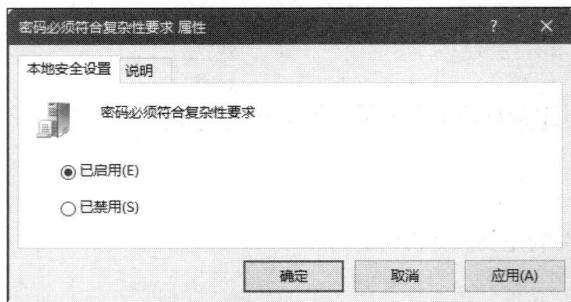

图 2-10 选择"已启用"单选按钮

2．设置密码长度最小值

在"本地安全策略"窗口右侧窗格中双击"密码长度最小值"选项，打开"密码长度最小值 属性"对话框。"密码长度最小值"策略能确定用户的账户密码包含的最少字符数，通常可以将密码长度最小值设置为 1～14 个字符。如果将密码长度最小值设置为 0 个字符，表示不需要密码。这里将密码长度最小值设置为 6 个字符，如图 2-11 所示。设置完成后单击"确定"按钮关闭该对话框。

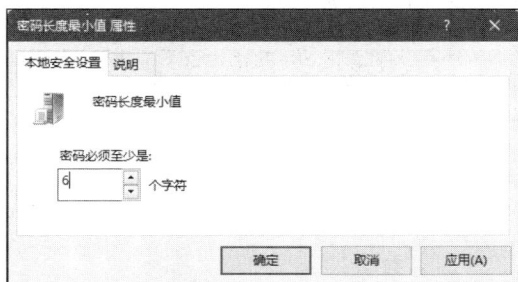

图 2-11　将密码长度最小值设置为 6 个字符

3．设置密码最短使用期限

在"本地安全策略"窗口右侧窗格中双击"密码最短使用期限"选项，打开"密码最短使用期限属性"对话框。"密码最短使用期限"策略能确定在用户更改某个密码之前必须使用该密码的期限（以天为单位），通常可以将其设置为 1～998 天。如果将密码最短使用期限设置为 0 天，则表示允许立即更改密码。

密码最短使用期限必须小于密码最长使用期限，除非将密码最长使用期限设置为 0 天，指明密码永不过期。如果将密码最长使用期限设置为 0 天，则可以将密码最短使用期限设置为 0～998 天的任何值。

如果希望"本地安全策略"窗口右侧窗格的"强制密码历史"策略有效，则需要将密码最短使用期限设置为大于 0 天。如果没有设置密码最短使用期限，则用户可以循环选择密码，直到获得期望的旧密码。默认设置没有遵从此建议，以便管理员能够为用户指定密码，然后要求用户在登录时更改管理员定义的密码。如果将"强制密码历史"选项设置为 0 个记住的密码，用户将不必设置新密码。因此，默认情况下将"强制密码历史"选项设置为 1 个记住的密码。

这里将密码最短使用期限设置为 100 天，如图 2-12 所示。设置完成后单击"确定"按钮关闭该对话框。

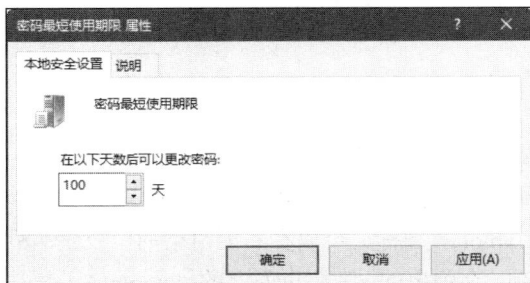

图 2-12　将密码最短使用期限设置为 100 天

4．设置密码最长使用期限

在"本地安全策略"窗口右侧窗格中双击"密码最长使用期限"选项，打开"密码最长使用期限 属性"对话框。"密码最长使用期限"策略能确定在系统要求用户更改某个密码之前可以使用该密码的期限（以天为单位），通常可以将密码设置为在某些天数（1～999 天）后到期。

密码最长使用期限的默认值为 42 天，这里将密码最长使用期限设置为 150 天，如图 2-13 所示。设置完成后单击"确定"按钮关闭该对话框。

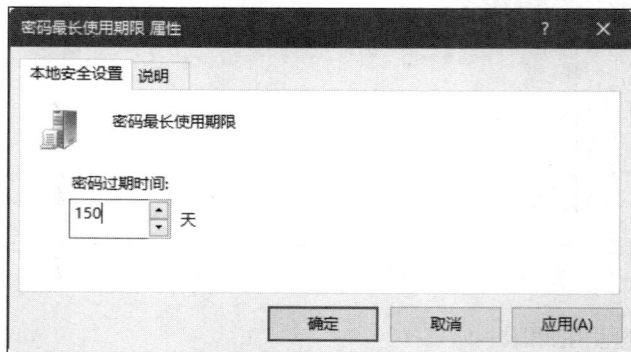

图 2-13　将密码最长使用期限设置为 150 天

【训练 2-4】巧用 Windows 10 的组策略

扫码观看
本任务视频

【训练描述】

组策略是计算机管理员为计算机和用户定义的，用来控制应用程序、设置系统和管理模板的一种机制。组策略使用更完善的管理组织方法，可以对各种对象的设置进行管理和配置，比手动修改注册表的方法更灵活，功能也更强大。

使用 Windows 10 的"本地组策略编辑器"窗口完成以下操作。

① 隐藏桌面图标。

② 防止用户安装和卸载应用程序。

③ 清除"开始"菜单中最近添加项目的列表。

【训练实施】

在"开始"按钮上单击鼠标右键，弹出"开始"菜单，在其中选择"运行"命令，弹出"运行"对话框，在对话框中输入"gpedit.msc"，按"Enter"键，打开"本地组策略编辑器"窗口。

1．隐藏桌面图标

在"本地组策略编辑器"窗口的左侧窗格中依次展开"用户配置"→"管理模板"节点，然后选中"桌面"节点，右侧窗格中会出现与"桌面"相关的多项策略，如图 2-14 所示。如果要设置隐藏桌面上的 Internet Explorer 图标，可以在右侧窗格的"设置"列表中双击"隐藏桌面上的 Internet Explorer 图标"选项，在弹出的"隐藏桌面上的 Internet Explorer 图标"对话框中选择"已启用"单选按钮，如图 2-15 所示，然后单击"确定"按钮或"应用"按钮。如果要隐藏桌面上所有的图标，则可以双击"隐藏和禁用桌面上的所有项目"选项，在弹出的对话框中选择"已启用"
单选按钮，然后单击"确定"按钮或"应用"按钮。

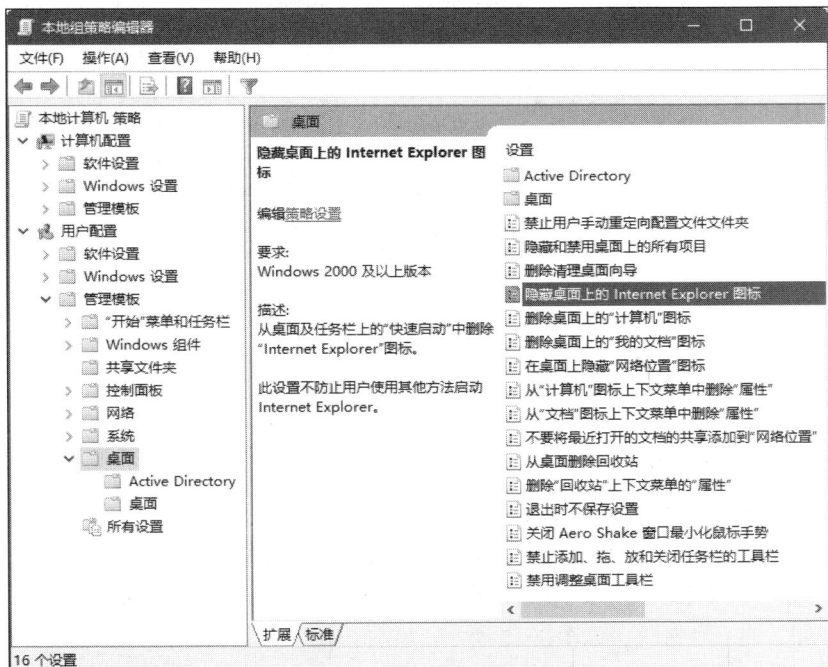

图 2-14　与"桌面"相关的多项策略

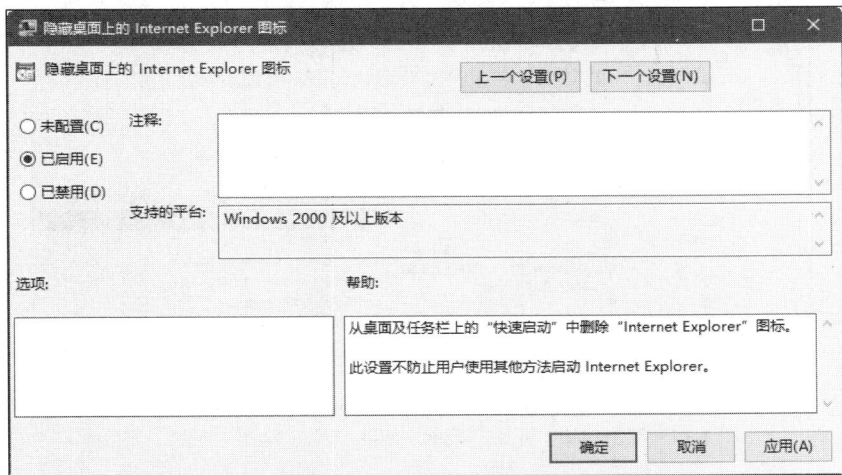

图 2-15　"隐藏桌面上的 Internet Explorer 图标"对话框

2．防止用户安装和卸载应用程序

在"本地组策略编辑器"窗口的左侧窗格中依次展开"用户配置"→"管理模板"→"控制
面板"节点，然后选中"添加或删除程序"节点，右侧窗格会出现与"添加或删除程序"相关的
多项策略，如图 2-16 所示。在右侧窗格的"设置"列表中双击"删除'添加或删除程序'"选项，
在弹出的对话框中选择"已启用"单选按钮，然后单击"应用"按钮或"确定"按钮。

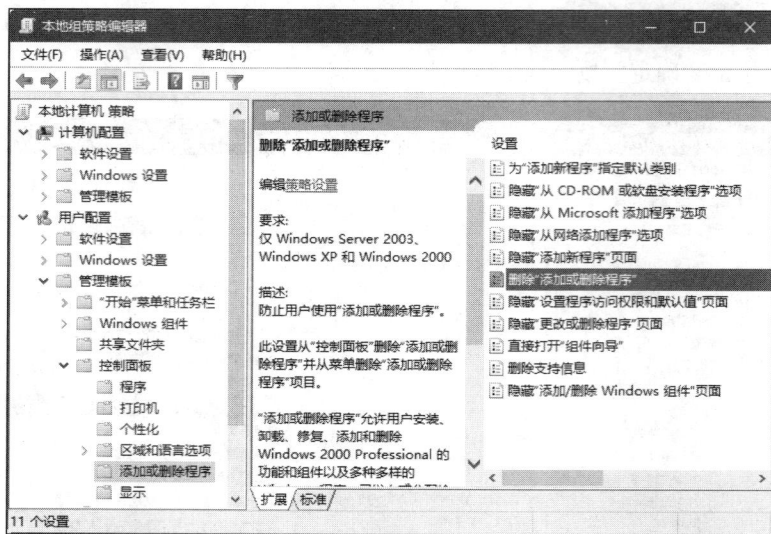

图 2-16　与"添加或删除程序"相关的多项策略

3．清除"开始"菜单中最近添加项目的列表

在"本地组策略编辑器"窗口的左侧窗格中依次展开"计算机配置"→"管理模板"节点，然后选中"'开始'菜单和任务栏"节点；在右侧窗格的"设置"列表中双击"从'开始'菜单中删除'最近添加'列表"选项，如图 2-17 所示。在弹出的对话框中选择"已启用"单选按钮，然后单击"应用"按钮或"确定"按钮。

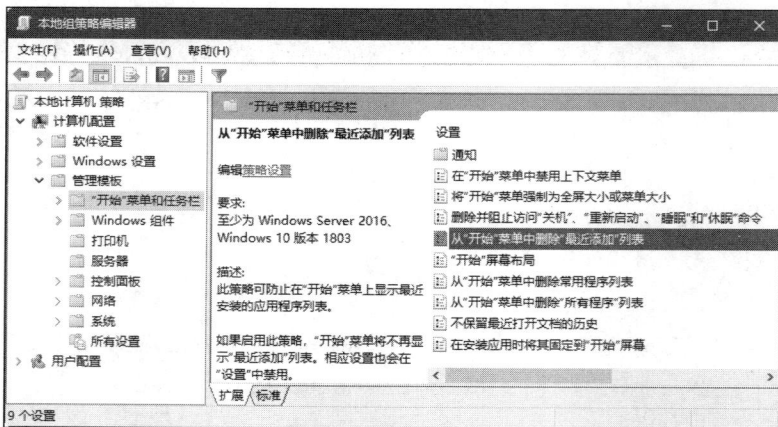

图 2-17　双击"从'开始'菜单中删除'最近添加'列表"选项

设置完成后关闭"本地组策略编辑器"窗口。

在"本地组策略编辑器"窗口中进行设置后，需要重启计算机设置内容才会生效。

【训练 2–5】Windows 10 中的备份与还原

扫码观看
本任务视频

【训练描述】

我们在日常使用计算机的过程中要注意做好系统的备份工作，以便于出现系统崩溃的情况时

可以有效地恢复计算机系统。这样即使系统崩溃计算机也只会丢失部分实时数据，从而可以降低使用风险、提高工作效率。

在 Windows 10 中完成以下操作。

① 对 D 盘的文件夹"教学素材"及其子文件夹和文件进行备份。

② 还原备份的文件夹"教学素材"及其子文件夹和文件。

【训练实施】

1．Windows 10 中的备份操作

文件的备份与还原是保障计算机安全的重要手段之一。随时备份硬盘数据，可以在计算机出现故障或意外删除数据时及时恢复数据，以免数据丢失。

（1）打开"设置-备份"界面

单击"开始"按钮，在弹出的"开始"菜单中选择"设置"选项，打开"Windows 设置"窗口，在该窗口中选择"更新和安全"选项，打开"设置-Windows 更新"界面，在该界面左侧的设置选项列表中选择"备份"选项，切换到"设置-备份"界面，如图 2-18 所示。

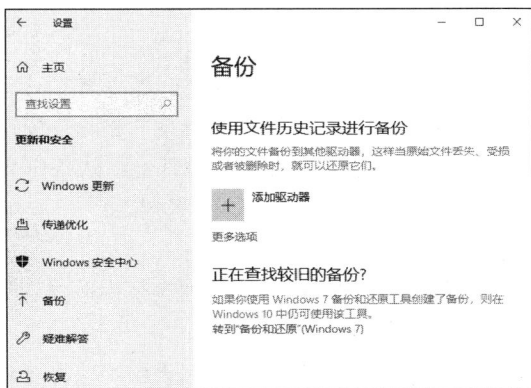

图 2-18   "设置-备份"界面

（2）开启"自动备份我的文件"功能

在"设置-备份"界面右侧窗格中单击"添加驱动器"按钮，弹出"选择驱动器"界面，如图 2-19 所示，这里选择 D 盘，开启"自动备份我的文件"功能，如图 2-20 所示。

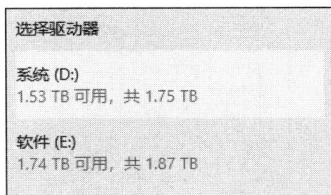

图 2-19   "选择驱动器"界面

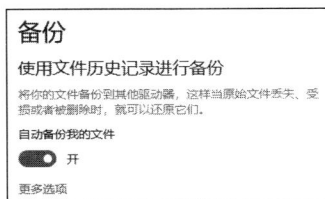

图 2-20   开启"自动备份我的文件"功能

（3）选择备份文件夹

在"设置-备份"界面单击"更多选项"超链接，打开"设置-备份选项"界面，在该界面"备份这些文件夹"区域单击"添加文件夹"按钮，弹出"选择文件夹"对话框，在该对话框中选择需要备份的文件夹，这里选择 D 盘的文件夹"教学素材"，如图 2-21 所示。

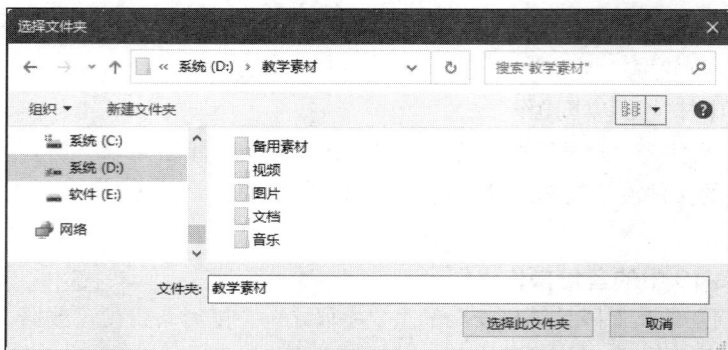

图 2-21　选择 D 盘的文件夹"教学素材"

（4）选择排除备份的文件夹

在"设置-备份选项"界面"排除这些文件夹"区域单击"添加文件夹"按钮，弹出"选择文件夹"对话框，在该对话框中可以选择不需要备份的文件夹，例如，选择 D 盘文件夹"教学素材"中的子文件夹"备用素材"。

（5）删除默认备份文件夹

在"设置-备份选项"界面"备份这些文件夹"区域选择不需要的默认备份文件夹，例如，单击"图片- C:\Users\admin"，该文件夹区域的右下角会出现"删除"按钮，单击"删除"按钮，删除该默认备份文件夹，如图 2-22 所示。按照此方法删除其他默认备份文件夹，只保留备份文件夹"教学素材-D:\"。

（6）设置备份的时间周期

在"设置-备份选项"界面"备份我的文件"下拉列表框中选择每天作为备份的时间周期。

（7）设置保留备份的时间

在"设置-备份选项"界面"保留我的备份"下拉列表框中选择 1 年作为保留备份的时间。

设置好备份的时间周期和保留备份的时间等选项后，"设置-备份选项"界面如图 2-23 所示。

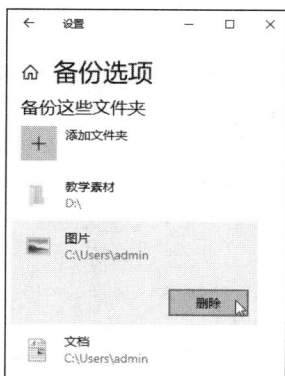

图 2-22　删除默认备份文件夹

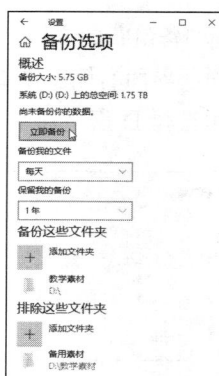

图 2-23　"设置-备份选项"界面

（8）开始备份

在"设置-备份选项"界面中单击"立即备份"按钮，系统开始备份指定文件夹及其子文件夹和文件，"设置-备份选项"界面中会显示"正在备份你的数据…"提示信息，如图 2-24 所示。

备份完成后，"设置-备份选项"界面中会显示上次备份的时间，如图 2-25 所示。

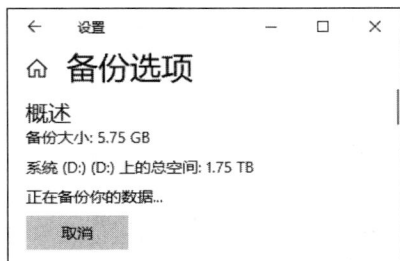

图 2-24　显示"正在备份你的数据…"提示信息

图 2-25　备份完成

2．Windows 10 中的还原操作

在"设置-备份选项"界面下方"相关的设置"区域选择"从当前的备份还原文件"选项，打开"主页-文件历史记录"界面，在该界面单击"还原到原始位置。"按钮，如图 2-26 所示，即可进行文件还原。

如果磁盘中存在同名文件夹或文件，则会弹出"替换或跳过文件"对话框，选择"替换目标中的文件"选项即可，如图 2-27 所示。

图 2-26　单击"还原到原始位置。"按钮

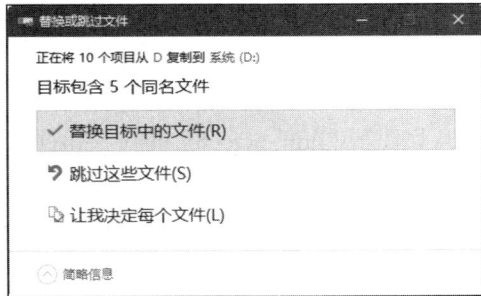

图 2-27　"替换或跳过文件"对话框

【说明】在 Windows 10 中也可使用 Windows 7 的备份和还原工具进行备份与还原操作，请参考有关帮助信息，熟悉 Windows 7 中文件的备份和还原方法。

【考核评价】

【技能测试】

【测试 2–1】启动应用程序

① 利用 Windows 10 的"开始"菜单启动"记事本"程序。
② 利用 Word 文档启动 Word 程序。
③ 利用"运行"对话框启动"计算器"应用程序。

【提示】

启动应用程序主要有以下方法。

① 使用"开始"菜单启动。打开"开始"菜单，在"开始"菜单中单击需要启动的应用程序，即可启动对应的应用程序。

② 使用应用程序的快捷方式启动。

③ 通过应用程序的相关文档启动。先找到与应用程序相关的文档，双击文档可启动对应的应用程序，并打开该文档。

④ 使用"运行"对话框启动。在"开始"按钮上单击鼠标右键，在弹出的快捷菜单中选择"运行"命令，即可打开"运行"对话框。在该对话框的"打开"下拉列表框中输入需要启动的应用程序名称，如 calc，然后单击"确定"按钮即可启动相应的应用程序"计算器"。

【测试 2–2 】Windows 10 的桌面操作

① 选用合适的方式在 Windows 10 的桌面创建"记事本"快捷方式。

② 将桌面图标的查看方式设置为"中等图标"，并按"名称"进行排列。

③ 在 D 盘自行创建一个文件夹"我的文件"。

④ 利用桌面快捷方式打开"记事本"应用程序，在"记事本"界面中输入文字"Practice makes perfect"和"Provide for a rainy day"，然后以"励志名言"为名将文档保存在"我的文件"文件夹中。

⑤ 首先使用"Print Screen"键或"Alt+Print Screen"组合键复制屏幕内容，然后利用"开始"菜单打开"画图"应用程序，并在"画图"窗口的功能区单击"粘贴"按钮粘贴桌面图片，最后以"我的桌面.bmp"为名将图片保存在"我的文件"文件夹中。

【测试 2–3 】Windows 10 的系统环境定制

① 在桌面上添加"此电脑"和"控制面板"图标。

② 选择一种合适的主题作为桌面背景，并将"开始"菜单和任务栏的颜色设置为自己喜好的颜色。

③ 设置屏幕保护程序：系统等待 15 分钟后，自动启动"3D 文字"屏幕保护程序，并显示文字"请不要关机"。

【测试 2–4 】文件夹和文件操作

① 在本机的 D 盘的根目录中新建文件夹"常用软件"，然后在该文件夹中分别建立 2 个子文件夹"附件"和"工具"。

② 使用 Windows 10 窗口的"主页"选项卡"剪贴板"组中的"复制"和"粘贴"命令将"C:\Windows\ System32"文件夹中的"calc.exe""notepad.exe""write.exe""mspaint.exe"4 个文件复制到文件夹"附件"中。

③ 使用快捷菜单中的"复制"和"粘贴"命令将"C:\Windows\System32"文件夹中的"xcopy.exe""chkdsk.exe"2 个文件复制到文件夹"工具"中。

④ 使用鼠标左键拖曳的方法将文件夹"附件"中的文件"calc.exe"移动到文件夹"工具"中。

⑤ 使用鼠标左键拖曳的方法将文件夹"附件"中的文件"notepad.exe"移动到文件夹"工具"中。

⑥ 使用快捷菜单中的"删除"命令将文件夹"工具"中的文件"notepad.exe"删除，再从回收站中还原。

⑦ 使用"计算机"窗口"主页"选项卡"组织"组中的"删除"命令将文件夹"工具"中的文件"calc.exe"删除，再从回收站中还原。

⑧ 查看与设置文件夹"常用软件""附件""工具"的属性。

⑨ 查看与设置文件"calc.exe"的属性。

⑩ 在文件夹"附件"中复制文件"calc.exe"，并在同一个文件夹中进行粘贴，然后将被复制的文件"calc.exe"重命名为"calc2.exe"。

【测试 2-5】搜索文件夹和文件

① 在 C 盘中搜索名称为"windows"的文件夹和文件。

② 在 C 盘中搜索扩展名为".exe"所有文件。

③ 在 C 盘中搜索文件名以"c"开头的所有扩展名为".exe"的文件。

④ 在"开始"按钮上单击鼠标右键，在弹出的快捷菜单中选择"搜索"命令，打开"搜索"界面，在该界面的搜索框中输入 calc.exe 进行搜索，在搜索结果窗格中的"calc.exe"上单击鼠标右键，在弹出的快捷菜单中选择"打开文件所在的位置"命令，如图 2-28 所示，打开文件"calc.exe"所在的文件夹"System32"，如图 2-29 所示。

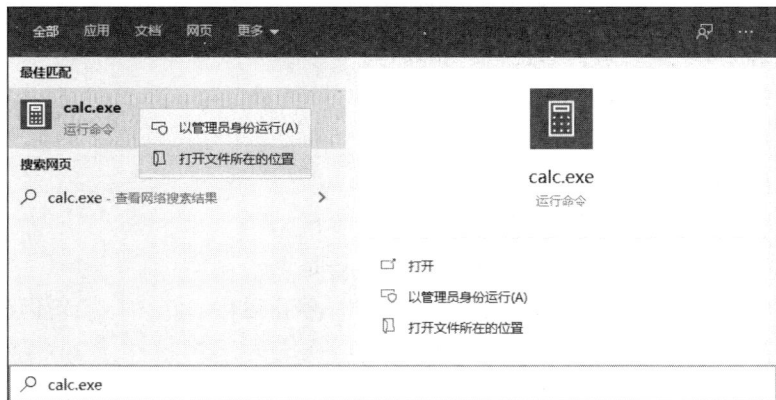

图 2-28　在快捷菜单中选择"打开文件所在的位置"命令

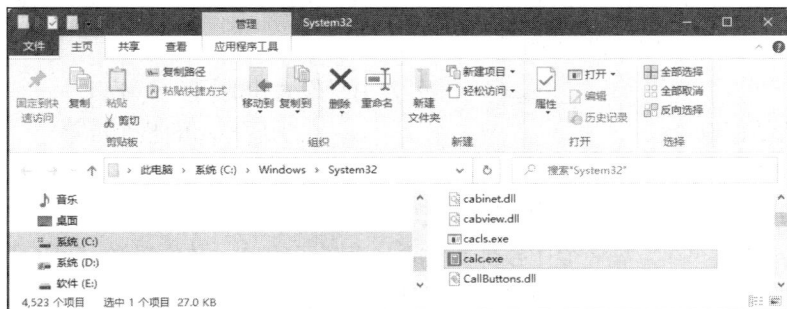

图 2-29　打开文件"calc.exe"所在的文件夹"System32"

【测试 2-6】创建与切换账户

① 创建一个标准账户 lucky，并自行选择账户头像的图片。

② 切换到新创建的账户 lucky。

③ 尝试卸载应用程序，观察标准账户是否可以卸载应用程序。

【习题】

1. Windows 10 桌面上包括以下元素：多个图标、"开始"按钮、快速启动工具栏、（　　　）和通知区域等。

    A. 控制面板　　　　B. 硬盘　　　　　　　C. 我的电脑　　　　D. 任务栏

2. 通知区域中的元素包括时钟、（　　　）和声音状态等。

    A. 应用程序　　　　B. 图标　　　　　　　C. 输入法状态　　　D. 文件

3. 鼠标的操作主要有：单击、双击、（　　　）与键盘组合等。

    A. 拖曳　　　　　　B. 三击　　　　　　　C. 移动　　　　　　D. 快速

4. 在 Windows 10 中，当用户处于等待状态时，鼠标指针呈（　　　）形。

    A. 双箭头　　　　　B. I 字　　　　　　　C. 沙漏或双漏斗　　D. 单箭头

5. 在 Windows 10 中，切换中文输入法的组合键是（　　　）。

    A. "Ctrl+Shift"　　B. "Ctrl+BackSpace"　C. "Alt+P"　　　　D. "Ctrl+Esc"

6. 在 Windows 10 中，一般"双击"指的是（　　　）。

    A. 连续两次快速击鼠标左键

    B. 连续两次击鼠标右键

    C. 鼠标左键、右键各击一下

    D. 鼠标左键击一下，等待一定时间后再击一下

7. 运行的应用程序最小化后，该应用程序的状态是（　　　）。

    A. 关闭　　　　　　B. 后台运行　　　　　C. 停止运行　　　　D. 仍在前台运行

8. 双击窗口左上角的控制菜单按钮，可以（　　　）。

    A. 移动该窗口　　　B. 关闭该窗口　　　　C. 最小化该窗口　　D. 最大化该窗口

9. 用鼠标拖曳窗口的（　　　）可以移动该窗口。

    A. 控制按钮　　　　B. 标题栏　　　　　　C. 边框　　　　　　D. 选项卡

10. Windows 10 的"桌面"指的是（　　　）。

    A. 全部窗口　　　　　　　　　　　　　　B. 最大化的同一个窗口

    C. 活动窗口　　　　　　　　　　　　　　D. 启动后显示的整个屏幕

11. 对于 Windows 10，下列叙述正确的是（　　　）。

    A. Windows 10 的操作只能用鼠标完成

    B. Windows 10 为每一个任务自动建立一个显示窗口，其位置和大小不能改变

    C. Windows 10 打开的多个窗口，既可平铺，也可层叠

    D. Windows 10 不支持打印机共享

12. 下列关于 Windows 10 "图标"的叙述，错误的是（　　　）。

　　A．文件有其固定的图标，不可更改

　　B．Windows 10 的图标可以表示应用程序和文档

　　C．Windows 10 的图标可以表示文件夹和快捷方式

　　D．Windows 10 的图标可以按名称排列

13. 在 Windows 10 中，若要退出当前应用程序，一般不可通过下列操作中的（　　　）来完成。

　　A．单击"关闭"按钮　　　　　　　　　B．按"Alt+F4"组合键

　　C．双击控制菜单栏　　　　　　　　　D．按"Alt+Esc"组合键

14. Windows 10 "任务栏"中呈凹陷状的按钮对应的应用程序是（　　　）。

　　A．系统正在运行的所有应用程序　　　B．系统中保存的所有应用程序

　　C．系统后台运行的应用程序　　　　　D．系统前台运行的应用程序

15. 应用程序之间信息的交换与共享可以通过（　　　）来完成。

　　A．"计算机"窗口　　　　　　　　　　B．剪贴板

　　C．硬盘上的一块区域　　　　　　　　D．内存上的一块区域

16. 使用鼠标切换活动窗口的操作是单击任务栏中的（　　　）。

　　A．应用程序的标题按钮　　　　　　　B．应用程序的标题栏

　　C．应用程序的任何位置　　　　　　　D．应用程序的控制按钮

17. "Esc"键的功能为（　　　）。

　　A．终止当前操作　　　B．退出系统　　　C．打印机输出　　　D．结束命令行

18. 在 Windows 10 中，回收站中的文件或文件夹仍然占用（　　　）。

　　A．内存　　　　　　　B．硬盘　　　　　C．光盘　　　　　　D．外存

19. 设置硬盘共享的步骤如下：在"此电脑"窗口中，在被格式化为 NTFS 卷的磁盘驱动器上单击鼠标右键，从弹出的快捷菜单中选择（　　　）命令。

　　A．"高级共享"　　　B．"打开"　　　　C．"搜索"　　　　　D．"重命名"

20. 在 Windows 10 中，启动或关闭中文输入法的方法是按（　　　）键。

　　A．"Ctrl + 空格"组合　　　　　　　　B．"Ctrl + Alt"组合

　　C．"Tab"　　　　　　　　　　　　　　D．"Ctrl + Esc"组合

21. 在 Windows 10 中，切换中文输入法的组合键是（　　　）。

　　A．"Ctrl + Shift"　　　　　　　　　　B．"Ctrl + BackSpace"

　　C．"Alt + P"　　　　　　　　　　　　D．"Ctrl + Esc"

22. 在 Windows 10 中，操作具有（　　　）的特点。

　　A．先选择操作命令，再选择操作对象　　B．先选择操作对象，再选择操作命令

　　C．同时选择操作对象和操作命令　　　　D．允许用户任意选择

23. 从（　　　）或网络驱动器中删除的项目将被永久删除，不能保存在回收站中。

　　A．硬盘　　　　　　　B．U 盘　　　　　C．硬盘文件夹　　　D．C 盘

24. 在 Windows 10 中，为保护文件不被修改，可将它的属性设置为（　　　）。

　　A．存档　　　　　　　B．隐藏　　　　　C．系统　　　　　　D．只读

25. 在 Windows 10 的"此电脑"窗口中，单击左侧导航窗格中某个文件夹的图标，则会（　　　）。

　　A．在右侧工作区域中显示该文件夹中的子文件夹和文件

B. 在右侧工作区域中展开该文件夹

C. 在右侧工作区域中显示该文件夹的子文件夹

D. 在右侧工作区域中显示该文件夹中的文件

26. Windows 10 回收站中可以有（　　　　）。

    A. 文件夹　　　　　　　　B. 文件　　　　　　　　C. 快捷方式　　　　　　　　D. 以上都对

27. 将整个屏幕内容复制到剪贴板上，应按（　　　）键。

    A. "Print Screen"　　　　　　　　　　　　B. "Alt + Print Screen"组合

    C. "Ctrl + Print Screen"组合　　　　　　　　D. "Ctrl+V"组合

28. 在 Windows 10 中，下列关于创建新文件夹的操作，正确的是（　　　　）。

    A. 在编辑的文件中单击鼠标右键，然后在快捷菜单中选择"新建"命令

    B. 在桌面空白处单击鼠标右键，然后在快捷菜单中选择"新建"命令

    C. 在"控制面板"中选择"新建"命令

    D. 在附件组中选择"新建"命令

29. 在 Windows 10 的"计算机"窗口中，要选择多个连续的文件时，应（　　　）。

    A. 单击第一个文件，再单击最后一个文件

    B. 逐个单击各文件

    C. 单击第一个文件，按住"Ctrl"键，再单击最后一个文件

    D. 单击第一个文件，按住"Shift"键，再单击最后一个文件

30. 在 Windows 10 中，想选定当前文件夹中的全部文件和文件夹，可使用的组合键是（　　　　）。

    A. "Ctrl+V"　　　　　　B. "Ctrl+A"　　　　　　C. "Ctrl+X"　　　　　　D. "Ctrl+D"

31. 在 Windows 10 中，可以对文件进行复制、移动、重命名等操作的是（　　　）。

    A. 磁盘管理　　　　　　B. 资源管理器　　　　　　C. 写字板　　　　　　D. 我的文档

32. 需要更换桌面的显示背景时，可在桌面单击鼠标右键，在打开的快捷菜单中选择"属性"命令，打开"显示属性"对话框，在该对话框中选择（　　　）选项卡。

    A. "外观"　　　　　　B. "背景"　　　　　　C. "效果"　　　　　　D. "设置"

33. 为了显示或隐藏任务栏，在任务栏的空白处单击鼠标右键，在弹出的快捷菜单中选择"属性"命令，打开（　　　）对话框。

    A. "打开应用程序"　　B. "改变窗口大小"　　C. "改变窗口的位置"　　D. "任务栏属性"

34. Windows 10 的"开始"菜单通常包括（　　　）功能。

    A. 运行　　　　　　B. 搜索　　　　　　C. 设置　　　　　　D. 以上均包括

35. 下列关于任务栏的描述中，错误的是（　　　）。

    A. 任务栏的位置可以改变　　　　　　　　B. 任务栏不可隐藏

    C. 任务栏内显示已运行程序的标题　　　　D. 任务栏的大小可改变

36. 鼠标和键盘的设置是在（　　　）中完成的。

    A. 文件　　　　　　B. 文件夹　　　　　　C. 控制面板　　　　　　D. Windows 设置

37. 在 Windows 10 中，"画图"应用程序的默认文件类型是（　　　）。

    A. BMP　　　　　　B. EXE　　　　　　C. GIF　　　　　　D. JPG

38. 在 Windows 10 的"此电脑"窗口中，为了改变隐藏文件的显示情况，应先选择的选项卡是（　　　）。

A. "文件"　　　　　　B. "编辑"　　　　　　C. "查看"　　　　　　D. "帮助"

39. 在"计算机"窗口中选中文件或文件夹后按（　　　）组合键，可以实现文件或文件夹的复制。

A. Ctrl+ X　　　　　B. Ctrl+ C　　　　　C. Ctrl+ A　　　　　D. Ctrl+V

40. 操作系统的功能是进行处理器管理、（　　　）管理、设备管理和信息管理。

A. 进程　　　　　　B. 存储器　　　　　C. 硬件　　　　　　D. 软件

41. 下列关于操作系统的叙述中，正确的是（　　　）。

A. 操作系统是软件和硬件之间的接口

B. 操作系统是源程序和目标程序之间的接口

C. 操作系统是用户和计算机之间的接口

D. 操作系统是外部设备和主机之间的接口

42. 计算机软件系统应包括（　　　）。

A. 编辑软件和连接程序　　　　　　B. 数据软件和管理软件

C. 程序和数据　　　　　　　　　　D. 系统软件和应用软件

43. 在微型计算机中，从软件归类来看，Windows 10 属于（　　　）。

A. 应用软件　　　　　　　　　　　B. 工具软件

C. 系统软件　　　　　　　　　　　D. 编辑系统

44. 一般操作系统的主要功能是（　　　）。

A. 对汇编语言、高级语言进行编译

B. 管理用各种语言编写的源程序

C. 管理数据库文件

D. 控制和管理计算机系统的软、硬件资源

45. 数据库管理系统属于（　　　）。

A. 应用软件　　　　B. 办公软件　　　　C. 播放软件　　　　D. 系统软件

46. 操作系统是一种（　　　）。

A. 系统软件　　　　B. 系统硬件　　　　C. 应用软件　　　　D. 支援软件

操作与应用 Word 2016

【提升训练】

扫码观看
本任务视频

【训练 3–1】利用邮件合并功能制作毕业证书

【训练描述】

打开 Word 文档"毕业证书.docx",按照以下要求完成相应的操作。

① 将纸张方向设置为横向,将纸张大小设置为 16 开（18.4 厘米 × 26 厘米）,将上边距、下边距、左边距、右边距均设置为 2 厘米。

② 将文档页面平分为 2 栏,宽度都为 28 字符,两栏之间的间距为 3.4 字符。

③ 输入所需的文本内容,并设置其格式。

④ 将证书编号、姓名、性别、学习起止日期、专业名称、学制对应内容的字形都设置为加粗。

⑤ 在页脚位置的左端插入文字"学历证书",右端插入文字"明德学院监制",两段文字中间按"Tab"键进行分隔。

⑥ 在页面左栏中部插入文本框,将该文本框的高度设置为 5.5 厘米,宽度设置为 3.7 厘米;将环绕方式设置为四周型,水平对齐方式设置为相对于栏、居中,垂直对齐方式设置为相对于页面的绝对位置为页面下侧 7 厘米;将左边距、右边距、上边距、下边距都设置为 0 厘米;将文本框的线条设置为"无线条"。在文本框内插入证件照片。

⑦ 在"校名"位置插入校名的艺术字"明德学院",设置艺术字的字体为华文行楷,字号为初号,字形为加粗。

⑧ 在校名"明德学院"位置插入印章图片,将图片的环绕方式设置为浮于文字上方,将缩放的高度和宽度都设置为 30%。

⑨ 以本文档为主文档，以同一文件夹中的 Excel 工作簿"毕业生名单.xlsx"作为数据源，在本文档的证书编号、姓名、性别、出生年、出生月、出生日、学习开始年份、学习开始月份、学习结束年份、学习结束月份、专业名称、学制对应位置插入 12 个域，实现邮件合并功能。要求在毕业证书中显示的年、月、日、学制对应的数字均为中文小写数字。

⑩ 插入链接和引用域 IncludePicture，该域用于插入证件照片。然后插入嵌套合并域，实现邮件合并功能。

⑪ 预览毕业证书的外观效果，最终外观效果如图 3-1 所示。

图 3-1　毕业证书的外观效果

【训练实施】

1. 页面设置

（1）设置纸张方向

在"布局"选项卡"页面设置"组单击"纸张方向"下拉按钮，展开其下拉菜单，选择"横向"命令，如图 3-2 所示。

图 3-2　在"纸张方向"下拉菜单中选择"横向"命令

（2）设置纸张大小

在"布局"选项卡"页面设置"组单击"纸张大小"按钮，展开其下拉菜单，选择"16 开（18.4 厘米×26 厘米）"命令，如图 3-3 所示。

图 3-3　在"纸张大小"下拉菜单中选择"16 开（18.4 厘米×26 厘米）"命令

（3）设置页边距

在"布局"选项卡"页面设置"组单击"页边距"按钮，展开其下拉菜单，选择"自定义页边距"命令，打开"页面设置"对话框，在"页边距"选项卡中的"页边距"区域分别设置上边距、下边距、左边距、右边距均为 2 厘米。

2．分栏设置

将光标置于待分栏的页面上，在"布局"选项卡"页面设置"组单击"分栏"按钮，展开其下拉菜单，选择"更多分栏"选项，如图 3-4 所示。打开"分栏"对话框，在"栏数"数值微调框中输入"2"，选中"宽度和间距"区域的"栏宽相等"复选框，在"宽度"数值微调框中输入"28 字符"，在"间距"数值微调框中输入"3.4 字符"，如图 3-5 所示。

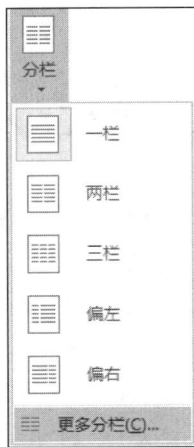

图 3-4　选择"更多分栏"命令

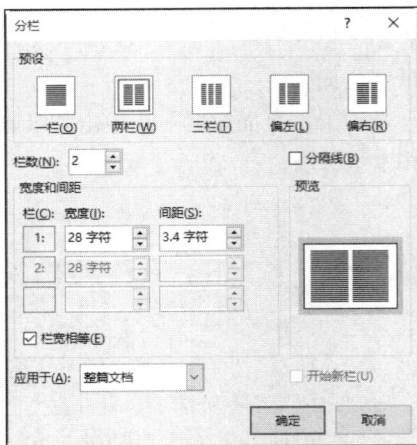

图 3-5　"分栏"对话框

3．输入所需的文本内容，并设置其格式

输入图 3-6 所示的初始文本内容，将文字"普通高等学校"的格式设置为楷体、小一、加粗，将对齐方式设置为居中。将文字"毕业证书"的格式设置为隶书、初号，将对齐方式设置为居中。将其他文字设置为楷体、三号，将落款日期"二〇二〇年六月十八日"设置为右对齐。格式设置效果如图3-6所示。

图3-6 初始文本内容设置格式后的效果

4．字形设置

选中毕业证书中的证书编号、姓名、性别、学习起止日期、专业名称、学制对应位置的空格，在"开始"选项卡"字体"组中单击"加粗"按钮，将所选内容的字形都设置为加粗。

5．页脚设置

在毕业证书页脚位置双击，进入页眉和页脚的编辑状态，在页脚位置的左端插入文字"中华人民共和国教育部学历证书查询网址："，插入完成后，按"Tab"键将光标移动到合适位置，然后在右端输入文字"明德学院监制"，毕业证书页脚的外观效果如图3-7所示。

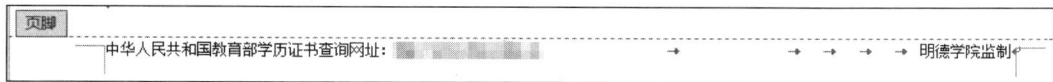

图3-7 毕业证书页脚的外观效果

在"页眉和页脚工具-设计"选项卡中单击"关闭页眉和页脚"按钮，如图3-8所示，退出页眉和页脚的编辑状态。

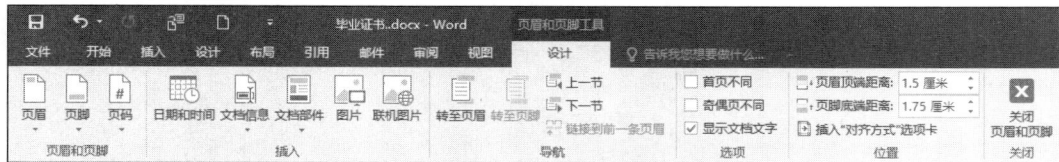

图3-8 在"页眉和页脚工具-设计"选项卡中单击"关闭页眉和页脚"按钮

6．插入与设置文本框

在毕业证书页面左栏中部插入一个文本框，选中该文本框，在"绘图工具-格式"选项卡"大小"组中将其高度设置为 5.5 厘米，宽度设置为 3.7 厘米。

选中该文本框，在"绘图工具-格式"选项卡"排列"组中单击"环绕文字"按钮，展开其下拉菜单，选择"四周型"命令，如图 3-9 所示。

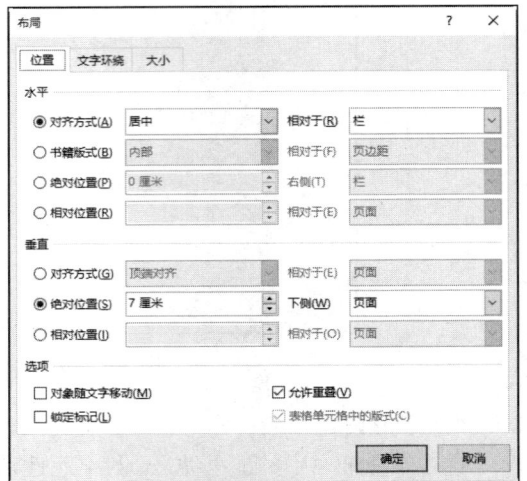

在该文本框中单击鼠标右键，弹出快捷菜单，在其中选择"其他布局选项"命令，打开"布局"对话框的"位置"选项卡，在"水平"区域选择"对齐方式"单选按钮，设置对齐方式为相对于"栏""居中"，在"垂直"区域选择"绝对位置"单选按钮，设置垂直方向的绝对位置为"页面"下侧 7 厘米，如图 3-10 所示。

图 3-9　在"环绕文字"下拉菜单中选择"四周型"命令　　图 3-10　"布局"对话框的"位置"选项卡

在该文本框中单击鼠标右键，在弹出的快捷菜单中选择"设置形状格式"命令，打开"设置形状格式"窗格，打开"布局属性"选项卡，展开"文本框"的设置选项，将左边距、右边距、上边距、下边距都设置为 0 厘米，如图 3-11 所示。

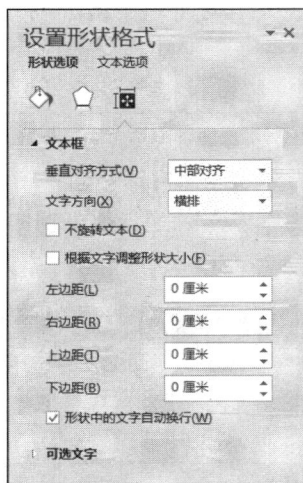

图 3-11　"设置形状格式"窗格

切换到"设置形状格式"窗格中的"填充与线条"选项卡，设置文本框的线条为"无线条"。

7．插入与设置艺术字

将光标置于毕业证书页面右栏文字"校　　名："右侧的空格处，在"插入"选项卡"文本"组中单击"艺术字"按钮，展开其下拉菜单，选择一种合适的样式，如图 3-12 所示。

在文档中插入艺术字编辑框，输入文字"明德学院"，然后选择输入的文字，设置艺术字的字体为华文行楷，字号为初号，字形为加粗。

8．插入与设置印章

将光标置于校名艺术字位置，在"插入"选项卡"插图"组中单击"图片"按钮，弹出"插入图片"对话框，在对话框中选择图片文件"明德学院印章.png"，然后单击"插入"按钮，插入印章图片。

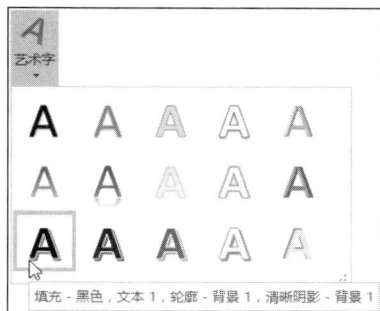

图 3-12　在"艺术字"下拉菜单中
选择一种合适的样式

选择印章图片，打开"布局"对话框，在该对话框中将图片的环绕方式设置为浮于文字上方，将缩放的高度和宽度都设置为 30%。

校名和印章的外观效果如图 3-13 所示。

9．准备证件照片与毕业生名单数据源

在主文档"毕业证书.docx"所在文件夹中存放证件照片文件和 Excel 数据源文件"毕业生名单.xlsx"，并且数据源文件中的毕业生姓名必须与该文件夹中证件照片文件名完全一致，否则将不能正确引用和显示照片。

图 3-13　校名和印章的外观效果

在 Excel 工作表中使用函数 NUMBERSTRING() 即可实现在毕业证书中显示的年、月、日、学制对应的数字均为汉字形式。

从身份证号中获取出生年、月、日的阿拉伯数字，并使用函数 NUMBERSTRING() 将其转换为中文小写数字，即分别使用公式"=NUMBERSTRING(MID(E2,7,4),3)""=NUMBERSTRING(MID(E2,11,2),3)""=NUMBERSTRING(MID(E2,13,2),3)"实现转换。

学习开始年份和学习结束年份则可以分别使用公式"=NUMBERSTRING(2017,3)"和公式"=NUMBERSTRING(2020,3)"将阿拉伯数字转换为中文小写数字。学习开始月份、学习结束月份、学制也可以直接输入中文小写数字。

10．建立主文档与数据源的链接

打开主文档"毕业证书.docx"，在"邮件"选项卡"开始邮件合并"组中单击"开始邮件合并"按钮，展开其下拉菜单，选择"目录"命令。

在"邮件"选项卡"开始邮件合并"组中单击"选择收件人"按钮，展开其下拉菜单，选择"使用现有列表"命令，如图 3-14 所示。

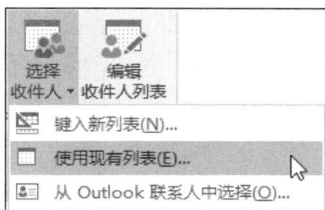

图 3-14　在"选择收件人"下拉菜单中选择"使用现有列表"命令

在打开的"选取数据源"对话框中选择数据源文件，这里选取"毕业生名单.xlsx"，如图 3-15 所示。然后单击"打开"按钮，接着在打开的"选择表格"对话框中选择工作表"Sheet1$"，如图 3-16 所示。

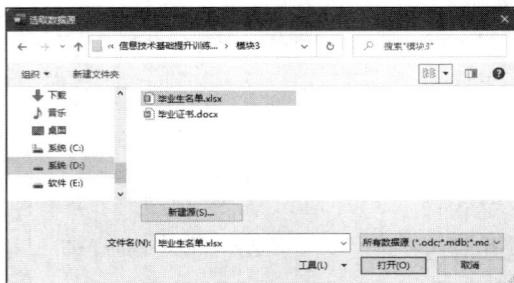

图 3-15 "选取数据源"对话框

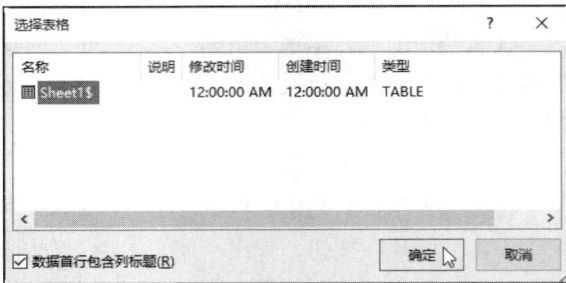

图 3-16 "选择表格"对话框

11．编辑收件人列表

如果数据源中的数据较多或者有空记录，在合并记录之前必须对收件人列表进行编辑。在"邮件"选项卡"开始邮件合并"组中单击"编辑收件人列表"按钮，打开"邮件合并收件人"对话框，在对话框中选择待合并的记录，取消空记录和不需要合并的记录的选中状态，如图 3-17 所示，然后单击"确定"按钮。

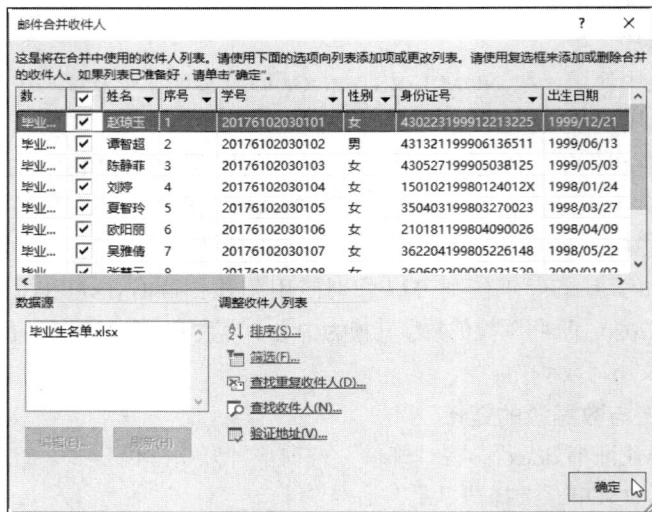

图 3-17 "邮件合并收件人"对话框

12．插入文字合并域

在"邮件"选项卡"编写和插入域"组中单击"插入合并域"按钮，展开其下拉菜单，选择相应的合并域，在毕业证书对应的位置分别插入对应的合并域：证书编号、姓名、性别、出生年、出生月、出生日、学习开始年份、学习开始月份、学习结束年份、学习结束月份、专业名称、学制。

13．插入照片嵌套域

在"毕业证书.docx"主文档中将光标置于文本框中。在"插入"选项卡"文本"组中单击"文档部件"按钮，展开其下拉菜单，选择"域"命令，打开"域"对话框，在"类别"下拉列表框中选择"链接和引用"选项，在"域名"列表框中选择"IncludePicture"选项，在"文件名或 URL"文本框中输入"×××"，这里随意输入几个字母即可，默认"更新时保留原格式"复选框被选中，如图 3-18 所示。然后单击"确定"按钮，关闭"域"对话框。

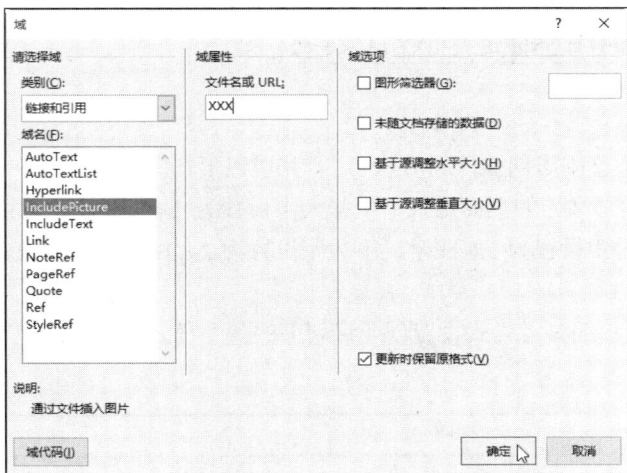

图 3-18　"域"对话框

此时文档中会显示一个图像占位符，按"Alt+F9"组合键查看域代码（域代码切换），可以看到图 3-19 所示的域代码。

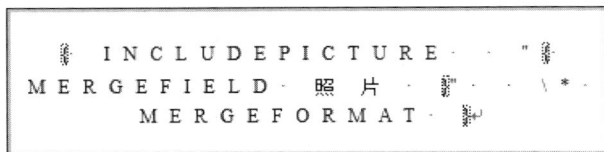

图 3-19　域代码

再一次按"Alt+F9"组合键切换到显示图像占位符的界面。

【注意】此时不要保存主文档。

14．合并记录到新文档

记录可合并到新文档、打印机（即送到打印机打印）或电子邮件中，这里选择将记录合并到新文档中保存备用。

在"邮件"选项卡"完成"组中单击"完成并合并"按钮，展开其下拉菜单，选择"编辑单个文档"命令，弹出"合并到新文档"对话框，在对话框中选择"全部"单选按钮，然后单击"确定"按钮，将结果合并到新文档中。

将新文档保存到主文档所在的文件夹中，命名为"邮件合并完成后的毕业证书.docx"，然后按"Ctrl+A"组合键选中合并记录文档的全部内容，即选中文档中的全部照片域，按"F9"键更新域。

先暂时关闭该新文档，然后重新打开该文档，即可显示所有记录的照片及毕业证书的其他信息。

按"Alt+F9"组合键查看合并记录文档中的全部照片域代码，从显示的照片域代码可知，系统自动将"照片"更新为当前的完全路径文件名，即"照片"使用绝对路径的文件名。将该文档复制到其他文件夹时，文件名会自动更新为当前的完全路径。

15．预览毕业证书的外观效果

单击"文件"选项卡，选择"打印"命令，打开"打印"界面，即可预览毕业证书的外观效果，如图 3-1 所示。

【训练 3-2】制作悠闲居创业计划书

扫码观看
本任务视频

【训练描述】

打开 Word 文档"悠闲居创业计划书.docx"，完成以下任务。

① 设置创业计划书文档的页面格式，纸张大小设置为 A4，左边距设置为 3.0 厘米，右边距设置为 2.0 厘米，上边距设置为 2.6 厘米，下边距设置为 2.6 厘米，页眉设置为 1.5 厘米，页脚设置为 1.75 厘米。

② 参考表 3-1 所示的参考样式设置创业计划书的各个样式，文字颜色自行设置。

表 3-1　参考样式

标题名或级别	大纲级别	字体			段落			
		字体	字号	粗细/下画线	对齐方式	缩进	行距	段前、后间距
一级标题	1 级	黑体	三号	常规	居中	（无）	单倍行距	30 磅
二级标题	2 级	宋体	小二	加粗	居中	首行：2 字符	单倍行距	15 磅
三级标题	3 级	黑体	四号	常规	左	首行：2 字符	单倍行距	6 磅
四级标题	4 级	宋体	小四	加粗	左	首行：2 字符	单倍行距	6 磅
小标题	5 级	宋体	小四	加粗	两端	首行：2 字符	单倍行距	默认值
正文中的步骤	6 级	宋体	小四	常规	左	首行：2 字符	单倍行距	默认值
正文	正文文本	宋体	小四	常规	两端	（无）	固定值：23 磅	默认值
表格标题		宋体	五号	常规	居中	（无）	固定值：23 磅	默认值
表格居中文字		宋体	小五	常规	居中	（无）	单倍行距	默认值
表格左对齐文字		宋体	小五	常规	左	（无）	单倍行距	默认值
图格式		宋体	小五	常规	居中	（无）	单倍行距	6 磅
图中文字		宋体	小五	常规	居中	（无）	单倍行距	默认值
图标题		宋体	小五	常规	居中	（无）	单倍行距	6 磅
封面标题 1		宋体	三号	加粗	居中	（无）	2 倍行距	默认值
封面标题 2		隶书	二号	加粗	居中	（无）	2 倍行距	默认值
封面标题 3		宋体	四号	常规	居中	（无）	1.5 倍行距	默认值
封面标题 4		宋体	四号	下画线	两端	（无）	1.5 倍行距	默认值

③ 在创业计划书文档各个部分的结束位置插入"下一页"分节符。

④ 对创业计划书文档中的各级标题、正文套用合适的样式。

⑤ 对创业计划书文档中的表格标题、表中文字套用对应的样式。

⑥ 对创业计划书文档中的图、图标题套用对应的样式。

⑦ 在文档偶数页的页眉位置插入创业计划书标题"悠闲居创业计划书"，在文档奇数页的页眉位置插入各部分的标题，首页不插入页眉。

⑧ 在创业计划书文档的正文部分插入页码，用阿拉伯数字（1、2、3、4、5、6 等）标识，且要求连续编写页码，首页不插入页码。

⑨ 在悠闲居创业计划书的目录页面提取并生成标题目录。

⑩ 为悠闲居创业计划书全文的表格插入自动编号的题注，并在表目录页提取并生成表目录。

⑪ 为悠闲居创业计划书添加封面，在封面插入艺术字、图片并输入文字，对封面文字套用合适的样式。

【训练实施】

① 按照要求对悠闲居创业计划书的内容格式进行设置，并提取目录。悠闲居创业计划书目录的外观效果如图 3-20 所示。

目 录

图 3-20 悠闲居创业计划书目录的外观效果

② 为悠闲居创业计划书全文的表格插入自动编号的题注，在表目录页提取并生成表目录，表目录外观效果如图 3-21 所示。

表目录

图 3-21 表目录外观效果

③ 参考图 3-22 所示的悠闲居创业计划书的封面外观效果，在悠闲居创业计划书封面中插入艺术字、图片，并输入文字，对封面文字套用合适的样式。

图 3-22 悠闲居创业计划书的封面外观效果

【考核评价】

【技能测试】

【测试 3-1】合理设置 Word 选项

在 Word 文档窗口单击"文件"选项卡，选择"选项"命令，打开"Word 选项"对话框，如图 3-23 所示，首先利用该对话框进行如下设置。

① 设置功能区下方显示快速访问工具栏。

② 启动实时预览功能。

③ 设置自动折叠功能区。

④ 将文件保存格式设置为 DOCX。

⑤ 将"最近使用的文档"的显示个数调整为 20 个。

⑥ 将保存自动恢复信息时间间隔调整为 15 分钟。

然后恢复系统的默认设置。

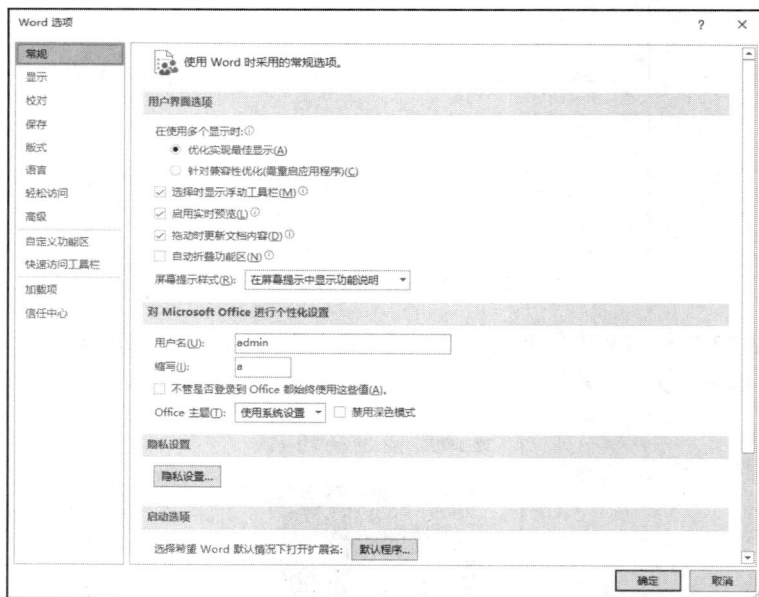

图 3-23 "Word 选项"对话框

【测试 3-2】在 Word 文档中输入中英文和特殊字符

训练 1：打开文件夹"模块 3"的 Word 文档"联系方式.docx"，然后在文本区输入以下内容。

联系方式

姓名：丁一

地址：长沙时代大道×××号

邮政编码：410007

电话：1520733****（手机）　　　0731-2244****（座机）

E-mail：dingyi@163.com

训练 2：在文件夹"模块 3\测试 3-2"中创建一个 Word 文档"特殊字符.docx"，在文本区输入以下各组符号。

第 1 组：　‖ 々～〖〗【 】「」『 』‖

第 2 组：　Ⅰ Ⅱ Ⅲ Ⅳ Ⅴ Ⅵ Ⅶ Ⅷ Ⅸ Ⅹ Ⅺ Ⅻ

第 3 组：　≈ ≡ ≠ ≤ ≥ ≮ ≯ ∷ ± ∫ ∮ ∝ ∞ ∧ ∨ ∑ ∏ ∪ ∩ ∈

　　　　　∵ ∴ ⊥ ∥ ∠ ⌒ ⊙ ≌ ∽ √

第 4 组：　° ′ ″ ＄ ￡ ￥ ‰ ％ ℃ ¤ ¢ 零 壹 贰 叁 肆 伍 陆 柒 捌 玖 拾

第 5 组：　┌┐ ├┤ │ ┼ ┆ ─

第 6 组：　§ № ☆ ★ ※ → ← ↑ ↓ ○ ◇ □ △

第 7 组：　α β γ δ ε ζ η θ λ μ ν ξ ο π ρ σ τ υ φ χ ψ ω

第 8 组：　ā ò ě ì ū

第 9 组：　© ® ™ ￥ ＄　　♂ ♀ ↖ ↗ ↘ ↙

【测试 3-3】在 Word 文档中定义样式与模板

打开 Word 文档"五四青年节活动方案 1.docx"，按照以下要求完成相应的操作。

① 定义多个样式，名称分别为"01 一级标题""02 二级标题""03 三级标题""04 小标题""05 正文""06 表格标题""07 表格内容""08 图片""09 图片标题""10 落款"。

② 将定义的样式应用到 Word 文档"五四青年节活动方案 3.docx"中的各级标题、正文、表格、图片和落款文本。

③ 将 Word 文档"五四青年节活动方案 3.docx"保存为 Word 模板，并将该模板命名为"活动方案模板.dotx"。

④ 打开 Word 文档"五四青年节活动方案 4.docx"，加载自定义模板"活动方案模板.dotx"，然后应用该模板中的样式。

【测试 3-4】在 Word 文档中制作个人基本信息表

创建 Word 文档"个人基本信息表.docx"，按照以下要求完成相应的操作。

① 在标题"个人基本信息表"下面插入 1 个 12 行 7 列的表格，表格宽度设置为 16 厘米，各行高度的最小值为 0.9 厘米。表格的对齐方式设置为居中，单元格的垂直对齐方式设置为居中，文字环绕设置为无。

② 根据需要进行单元格的合并或拆分，例如，"学历学位"单元格为 2 个单元格合并而成，"照片"单元格为 4 个单元格合并而成，"家庭主要成员社会关系"单元格为 4 个单元格合并而成。

③ 适当调整表格各行的高度和各列的宽度。

④ 在表格中输入必要的文字。

“个人基本信息表”的外观效果如图 3-24 所示。

个人基本信息表

<table>
<tr><td>姓 名</td><td colspan="2"></td><td>性 别</td><td></td><td>出生年月</td><td></td><td rowspan="4">照
片</td></tr>
<tr><td>民 族</td><td colspan="2"></td><td>籍 贯</td><td></td><td>健康状况</td><td></td></tr>
<tr><td>参加工作时间</td><td colspan="2"></td><td>身份证号</td><td colspan="3"></td></tr>
<tr><td>专业技术职务</td><td colspan="2"></td><td>毕业专业</td><td></td><td>有何专长</td><td></td></tr>
<tr><td rowspan="2">学 历
学 位</td><td colspan="2">全日制
教 育</td><td colspan="2"></td><td>毕业院校
系及专业</td><td colspan="2"></td></tr>
<tr><td colspan="2">在 职
教 育</td><td colspan="2"></td><td>毕业院校
系及专业</td><td colspan="2"></td></tr>
<tr><td>简
历</td><td colspan="7"></td></tr>
<tr><td>曾获
荣誉</td><td colspan="7"></td></tr>
<tr><td rowspan="4">家庭
主要
成员
社会
关系</td><td>称谓</td><td>姓 名</td><td>年龄</td><td>政治面貌</td><td colspan="3">工 作 单 位 及 职 务</td></tr>
<tr><td></td><td></td><td></td><td></td><td colspan="3"></td></tr>
<tr><td></td><td></td><td></td><td></td><td colspan="3"></td></tr>
<tr><td></td><td></td><td></td><td></td><td colspan="3"></td></tr>
</table>

图 3-24 “个人基本信息表”的外观效果

【提示】“个人基本信息表”中第 1 列上面 6 行的宽度与下面 6 行的宽度不同，只需另外选择第 1 列其余行，然后通过拖曳鼠标的方式调整列宽即可。

也可以先选择最后 4 行的纵向表格线，然后通过拖曳鼠标的方式调整列宽。

【测试 3-5】Word 文档中的表格操作与数据计算

在文件夹“模块 3”中创建并打开 Word 文档“信息技术应用基础成绩表.docx”，在该文档中插入图 3-25 所示的 8 行 15 列表格，该表格的具体要求如下。

① 表格外框线为 1.5 磅的单粗实线，内框线为 0.5 磅的单细实线。

② 将表格第 1 列的第 1、2 行两个单元格合并，将第 2 列的第 1、2 行两个单元格合并，将第 1 行的第 3 列至第 10 列的 8 个单元格合并，分别将第 11、12、13、14、15 列的第 1、2 行两个单元格合并，分别将第 13、14、15 列的第 3 行至第 8 行的 6 个单元格合并。

③ 设置表格第 1、2 行行高的固定值为 0.5 厘米，其他各行行高的最小值为 0.6 厘米。设置表格中“学号”列的宽度为 15%，“姓名”列的宽度为 8%，“过程考核”各列的宽度均为 5%，“综合考

核""成绩"列的宽度为 9%，"总分""小组人数"列的宽度均为 6%，"平均成绩"列的宽度为 7%。

④ 设置表格单元格默认的左、右边距为 0.15 厘米，"综合考核"对应单元格的左、右边距为 0.1 厘米。

⑤ 利用公式"=SUM(LEFT)"计算"成绩"列的第 3 行至第 8 行的成绩数值，数字格式为"0.0"。

⑥ 利用公式 "=SUM(L3:L8)"计算总分，数字格式为"0.0"。

⑦ 利用公式 "=COUNT(L3:L8)"计算小组人数，数字格式为 "0"。

⑧ 利用公式 "=AVERAGE(L3:L8)"计算平均成绩，数字格式为 "0.00"。

学号	姓名	过程考核（80%）								综合考核（20%）	成绩	总分	小组人数	平均成绩
		1	2	3	4	5	6	7	8					
20115901080201	夏纯	9	9	9	9	10	9	9	9	19	92.0			
20115901080202	谭智超	9.5	9	9	8	9	8	9	9	20	90.5			
20115901080203	夏奥	8	4	6	7	9.5	8	8	7	16	73.5	482.5	6	80.42
20115901080204	刘毅	9	8	9	8	8	7	8.5	8	18	83.5			
20115901080205	吴羽霄	5	9	6	7	10	6	7	6	16	72.0			
20115901080206	欧阳俊	6	7	7	7	9	6	8	7	14	71.0			

图 3-25 插入 8 行 15 列表格

【测试 3-6】在 Word 文档中插入与设置图片

打开文件夹"模块 3"中的 Word 文档"关于'五一'国际劳动节放假的通知.docx"，在该文档中通知主标题之前插入图 3-26 所示的文件头，在"通知"落款位置插入图 3-27 所示的印章，其具体要求如下。

明 德 学 院

图 3-26 文件头

图 3-27 印章

① 插入艺术字明德学院，字体为宋体，字号为 36，颜色为红色。

② 水平线段的线型为由粗到细的双线，线宽为 5.5 磅，颜色为红色。

③ 印章的高度为 3.04 厘米，宽度为 3 厘米。

【测试 3-7】在 Word 文档中绘制计算机硬件系统基本组成的图形

在文件夹"模块 3"中创建并打开 Word 文档"计算机硬件系统的基本组成.docx"，在该文档中绘制图 3-28 所示计算机硬件系统的基本组成。

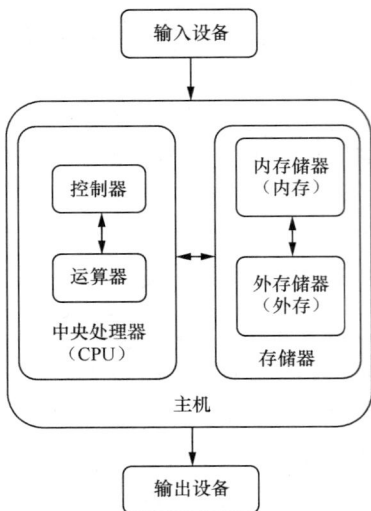

图 3-28　计算机硬件系统的基本组成

【测试 3-8】在 Word 文档中制作准考证

以文件夹"模块 3"中的 Word 文档"大学英语四级考试准考证.docx"作为主文档，以同一文件夹中的 Excel 工作簿"大学英语四级考试学生名单.xlsx"作为数据源，使用 Word 2016 的邮件合并功能制作准考证。插入多个域的主文档外观如图 3-29 所示，准考证的预览效果如图 3-30 所示。

图 3-29　插入多个域的主文档外观

图 3-30　准考证的预览效果

【习题】

1. 启动 Word 2016 的方法是（　　　）。

　　A. 利用 Windows 10 的"开始"菜单启动

　　B. 利用 Windows 10 的桌面快捷图标启动

C.　利用最近打开过的文档启动

D.　以上方法都行

2.　正确退出 Word 2016 的键盘操作是按（　　　）组合键。

A.　"Shift + F4"　　　　B.　"Alt + F4"　　　　C.　"Ctrl + F4"　　　　D.　"Ctrl + Esc"

3.　在 Word 2016 中查找、替换和（　　　）3 项功能被合并到一个对话框中。

A.　全选　　　　　　　B.　定位　　　　　　　C.　复制　　　　　　　D.　粘贴

4.　Word 2016 文档的扩展名为（　　　）。

A.　.dotx　　　　　　　B.　.txt　　　　　　　C.　.docx　　　　　　　D.　.bmp

5.　在 Word 2016 中，"样式"组在（　　　）选项卡中。

A.　"开始"　　　　　B.　"设计"　　　　　C.　"视图"　　　　　D.　"布局"

6.　在 Word 2016 中，"页面设置"组在（　　　）选项卡中。

A.　"插入"　　　　　B.　"布局"　　　　　C.　"设计"　　　　　D.　"视图"

7.　Word 2016 的"字数统计"按钮，在（　　　）选项卡中可以找到。

A.　"视图"　　　　　B.　"插入"　　　　　C.　"审阅"　　　　　D.　"引用"

8.　在 Word 2016 中，当前活动窗口是文档 Al.docx 的窗口，单击该窗口的"最小化"按钮后（　　　）。

A.　不显示 Al.docx 文档内容，但 Al.docx 文档并未关闭

B.　该窗口和 Al.docx 文档都被关闭

C.　Al.docx 文档未关闭，并且继续显示其内容

D.　关闭了 Al.docx 文档，但该窗口并未关闭

9.　在 Word 2016 中，同时打开多个文档，要在文档间循环切换的键盘操作是按（　　　）键。

A.　"Tab + F6"组合　　B.　"Shift + F6"组合　C.　"Ctrl + F6"组合　　D.　"F6"

10.　在 Word 2016 中，当前正在编辑的文档的名字显示在（　　　）。

A.　功能区选项卡　　　B.　快速访问工具栏　C.　标题栏　　　　　　D.　状态栏

11.　在 Word 2016 主窗口的右上角，可以同时显示的按钮是（　　　）。

A.　"最小化""还原""最大化"　　　　　B.　"还原""最大化""关闭"

C.　"最小化""还原""关闭"　　　　　D.　"还原""最大化"

12.　在 Word 2016 中，要删除插入点之后的一个字符时可以按（　　　）键。

A.　"Ctrl + BackSpace"组合　　　　　B.　"Ctrl + Delete"组合

C.　"BackSpace"　　　　　　　　　　D.　"Delete"

13.　启动 Word 2016 后，空白文档的名字为（　　　）。

A.　新文档.docx　　　B.　文档 1.docx　　　C.　文档.docx　　　　D.　我的文档.docx

14.　在 Word 2016 编辑的内容中，英文字母下面有红色波浪下画线表示（　　　）。

A.　已修改过的文档　　　　　　　　　B.　对输入的确认

C.　可能有拼写错误　　　　　　　　　D.　可能有语法错误

15.　在 Word 2016 中的一个文档共有 100 页，最快定位到第 72 页的方式为（　　　）。

A.　用垂直滚动条快速移动文档定位到第 72 页

B.　用"定位"对话框定位到第 72 页

C.　用向下或向上方向键定位到第 72 页

D.　用"Page Down"键或"Page Up"键定位到第 72 页

16. 在 Word 2016 的编辑状态下，执行"剪切"命令后（　　）。
    A．被选择的内容被复制到插入点处　　　　B．被选择的内容被移动到剪贴板
    C．插入点所在的段落内容被复制到剪贴板　D．被选择的内容被复制到剪贴板

17. 在 Word 2016 中，"替换"对话框设定了搜索范围为向下搜索，若单击"全部替换"按钮，则（　　）。
    A．从插入点开始向上查找并替换匹配的内容
    B．从插入点开始向下查找并替换当前找到的内容
    C．从插入点开始向下查找并替换全部匹配的内容
    D．对整篇文档进行查找并替换匹配的内容

18. 在 Word 2016 中，关于页眉和页脚的设置，下列叙述错误的是（　　）。
    A．允许为文档的第一页设置不同的页眉和页脚
    B．允许为文档的每个节设置不同的页眉和页脚
    C．允许为偶数页和奇数页设置不同的页眉和页脚
    D．不允许页眉和页脚的内容超出页边距范围

19. 在 Word 2016 "开始"选项卡的"剪贴板"组中，如果"剪切"和"复制"按钮呈灰色，则（　　）。
    A．说明剪贴板有内容，但不是 Word 能使用的内容
    B．"剪切"和"复制"按钮永远不能被使用
    C．只有执行了"粘贴"命令后，"剪切"按钮才能被使用
    D．只有对文档内容进行了选择之后，"剪切"和"复制"按钮才能被使用

20. 在 Word 2016 中，分节符显示的是一条含有"分节符"字符的（　　）。
    A．单虚线　　　　　　B．双虚线　　　　　　C．单实线　　　　　　D．双实线

21. 在 Word 2016 中，将剪贴板中的内容粘贴到某个位置的是（　　）组合键。
    A．"Ctrl + X"　　　B．"Ctrl + C"　　　C．"Ctrl + V"　　　D．"Ctrl + A"

22. 在 Word 2016 中，文档的视图模式会影响字符在屏幕上的显示方式，为了保证字符的显示效果与打印效果完全相同，应设定（　　）。
    A．大纲视图　　　　　B．普通视图　　　　　C．页面视图　　　　　D．Web 版式视图

23. 在 Word 2016 中，每个段落（　　）。
    A．以句号结束　　　　　　　　　　　　　B．由 Word 自动设定结束
    C．以空格结束　　　　　　　　　　　　　D．以 "Enter" 键结束

24. 在 Word 2016 中，使用标尺可以直接设置缩进，标尺的顶部三角形标记代表（　　）。
    A．左缩进　　　　　　B．右缩进　　　　　　C．首行缩进　　　　　D．悬挂式缩进

25. 在 Word 2016 中，按 "Page Down" 键，则向下移动（　　）。
    A．一行　　　　　　　B．一页　　　　　　　C．一节　　　　　　　D．一屏

26. 在 Word 2016 中，字符是作为文本输入的字母、汉字等，下列不能作为字符输入的是（　　）。
    A．数字　　　　　　　B．标点符号　　　　　C．特殊符号　　　　　D．图片

27. 在 Word 2016 中，"边框和底纹"对话框共有 3 个选项卡，分别是"边框""底纹"（　　）。
    A．"页面底纹"　　　　B．"页面边框"　　　　C．"表格底纹"　　　　D．"表格边框"

28. 在 Word 2016 中，以下有关"拆分表格"命令的说法正确的是（　　）。

A. 可以把表格拆分为左右两个部分　　　　　　B. 只能把表格拆分为上下两个部分

C. 可以把表格拆分为几列　　　　　　　　　　D. 只能把表格拆分成列

29. 在 Word 2016 中有一表格，求表格的第 1～4 列数据之和，则应选择（　　　）。

A. SUM(A1:A4)　　　　B. SUM(A1:D1)　　　　C. SUM(A1,A4)　　　　D. SUM(1,D1)

30. 使用拼音输入法输入"旅"字时，应输入（　　　）。

A. lu　　　　　　　　B. lv　　　　　　　　C. l ü　　　　　　　　D. 无法输入

31. 如果要对多个图形对象同时改变大小，可以使用（　　　）命令，将它们作为一个对象处理。

A. "叠放次序"　　　　B. "微移"　　　　　　C. "旋转"　　　　　　D. "组合"

32. 在 Word 2016 文档中，（　　　）可以和文字重叠显示。

A. 剪贴画　　　　　　　　　　　　　　　　　B. 由"绘图"工具栏绘制的图形

C. 艺术字　　　　　　　　　　　　　　　　　D. 以上 3 项都可以

33. 在 Word 2016 中，关于文本框的叙述，（　　　）是错误的。

A. 利用文本框可以使文档中部分文字竖排

B. 文本框中既能放文字，也能放图片

C. 在文本框中，可以用处理图片的方法处理文字

D. 文本框中文字的大小会随文本大小的变化而变化

34. 在表格操作中，如果输入的内容超过了单元格的宽度，其结果是（　　　）。

A. 超过宽度的文字将被放入下一个单元格

B. 超过宽度的文字无法输入

C. 单元格自动加宽，以保证文字的输入

D. 单元格自动加高并自动换行，以保证文字的输入

35. 在文档编辑过程中，如果出现了误操作，最佳的补救方法是（　　　）。

A. 单击快捷工具栏的"撤销"按钮

B. 按键盘的"Delete"键

C. 放弃存盘并关闭文档，然后再打开文档

D. 单击快捷工具栏的"恢复"按钮

【提升训练】

【训练 4-1】人才需求量的统计与分析

【训练描述】

打开文件夹"模块 4"中的 Excel 工作簿"人才需求量统计与分析.xlsx",按照以下要求在工作表"Sheet1"中完成相应的操作。

① 在工作表"Sheet1"中计算各个城市人才需求量的总数,结果存放在单元格 C9～L9 中。

② 在工作表"Sheet1"中计算各职位类别人才需求量的总数,结果存放在单元格 M3～M8 中。

③ 在工作表"Sheet1"中利用单元格区域"C2:L2"和"C9:L9"中的数据绘制图表,图表标题为"主要城市人才需求量调查统计",图表类型为"簇状柱形图",分类轴标题为"城市",数据轴标题为"需求数量"。

④ 在工作表"Sheet1"中利用单元格区域"B3:B8"和"M3:M8"中的数据绘制图表,图表标题为"人才需求量调查统计",图表类型为"分离型三维饼图",显示"百分比"数据标签,图例位于图表底部。

⑤ 预览数据表"Sheet1",设置合适的页边距,设置打印区域。

⑥ 利用数据表"Sheet2"中的数据,创建人才需求量的数据透视表,且将创建的数据透视表存放在数据表"Sheet3"中。将创建的人才需求量数据透视表与工作表"Sheet1"中的人才需求数据进行对比,理解数据透视表的功能和直观性。

【训练实施】

① 参考的簇状柱形图如图 4-1 所示。

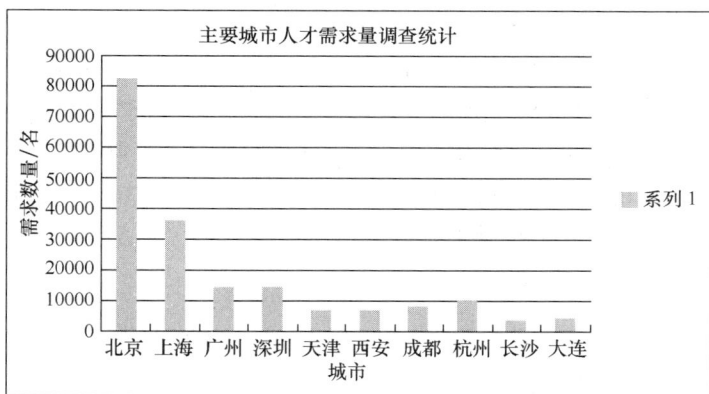

图 4-1 参考的簇状柱形图

② 参考的分离型三维饼图如图 4-2 所示。

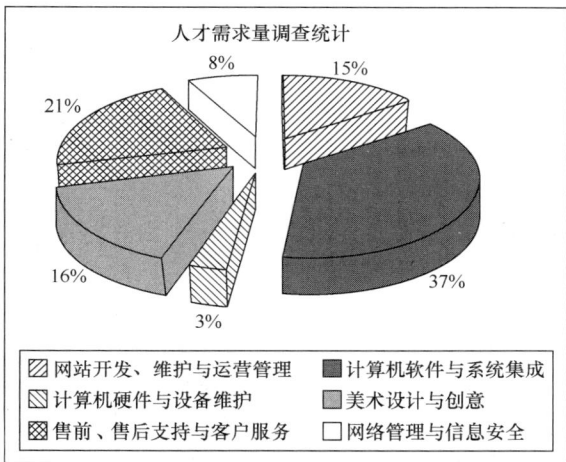

图 4-2 参考的分离型三维饼图

【训练 4-2】公司人员结构分析

扫码观看
本任务视频

【训练描述】

打开文件夹"模块 4"中的 Excel 工作簿"公司人员结构分析.xlsx",按照以下要求完成相应的操作。

① 在工作表"职工花名册"中,将标题"蓝天电脑有限责任公司职工花名册"的字体设置为楷体,字号设置为 16,字形设置为加粗;将行高设置为 30,水平对齐设置为跨列居中,垂直对齐设置为居中;将除标题行之外的其他各行的行高设置为自动调整行高,垂直对齐设置为居中;将各列的列宽设置为自动调整列宽,列标题的水平对齐设置为居中。

② 在工作表"人员自动筛选"中,执行自动筛选操作,筛选出少数民族职工。

③ 在工作表"人员高级筛选"中,执行高级筛选操作,筛选出政治面貌为"中共党员"且非湖南籍的少数民族的女职工。

④ 在工作表"职工按性别分类统计"中，按职工的性别进行分类汇总。

⑤ 在工作表"职工按政治面貌分类统计"中，按职工的政治面貌进行分类汇总。

⑥ 在工作表"职工按民族分类统计"中，按职工的民族进行分类汇总。

⑦ 在工作表"职工按籍贯分类统计"中，按职工的籍贯进行分类汇总。

⑧ 将分类汇总的统计结果复制到工作表"职工人员结构分析"中，按性别分类汇总的结果如图 4-3 所示，按政治面貌分类汇总的结果如图 4-4 所示，按民族分类汇总的结果如图 4-5 所示，按籍贯分类汇总的结果如图 4-6 所示。

公司人员性别结构

性别	人数/名
男	24
女	14
合计	38

图 4-3　按性别分类汇总的结果

公司人员政治面貌结构

政治面貌	人数/名
中共预备党员	1
中共党员	25
无党派民主人士	1
群众	6
其他	5
合计	38

图 4-4　按政治面貌分类汇总的结果

公司人员民族结构

民族	人数/名
藏族	1
傣族	1
侗族	1
汉族	28
回族	1
满族	2
蒙古族	1
土家族	1
维吾尔族	1
瑶族	1
合计	38

图 4-5　按民族分类汇总的结果

公司人员籍贯结构

籍贯	人数/名
重庆	1
浙江	2
新疆	1
天津	1
四川	2
上海	1
山西	1
内蒙古	1
辽宁	1
江西	1
江苏	3
吉林	1
湖南	13
湖北	2
黑龙江	1
广东	3
福建	1
北京	2
合计	38

图 4-6　按籍贯分类汇总的结果

在工作表"职工人员结构分析"中分别选用 4 类汇总数据，按表 4-1 中绘制图表的要求分别绘制图表。

表 4-1　绘制图表的要求

图表标题	图表类型	分类轴标题	数值轴标题	其他要求
公司人员性别结构	三维簇状柱形图	性别	人数	靠右侧显示图例，显示类别名称标签及值标签
公司人员政治面貌结构	分离型三维饼图	（无）	（无）	靠右侧显示图例，显示百分比标签
公司人员民族结构	分离型圆环图	（无）	（无）	靠右侧显示图例，显示值标签
公司人员籍贯结构	簇状柱形图	籍贯	人数	靠右侧显示图例，不显示数据标签

⑨ 在工作表"职工年龄结构分析"中，L 列的列标题为"虚岁"，M 列的列标题为"实岁"，先在单元格 L3 和 M3 中分别计算"虚岁"和"实岁"，然后使用鼠标拖曳填充柄的方法分别在单元格"L4～L40""M4～M40"中计算"虚岁"和"实岁"。

⑩ 应用函数 COUNTIF 分别统计工作表"职工年龄结构分析"中 35 岁及以下年龄段的职工人数、35～45 岁（包含 45 岁）年龄段的职工人数、45 岁以上年龄段的职工人数。然后，绘制职工年龄结构的图表，图表标题为"公司人员年龄结构图"，图表类型为"分离型三维饼图"，在图表底部显示图例，显示类别名称标签和百分比标签。图表标题的字号设置为 14，字形设置为加粗；数据标签的字号设置为 10；图例的字号设置为 10。

【训练实施】

① 按照上文要求设置工作表"职工花名册"的内容格式。

② 在工作表"人员自动筛选"中筛选少数民族职工应使用"自定义自动筛选方式"对话框完成，筛选条件设置为"<>汉族"。

③ 在工作表"人员高级筛选"中高级筛选条件区域的筛选条件设置如图 4-7 所示。

性别	民族	政治面貌	籍贯
女	<>汉族	中共党员	<>湖南

图 4-7　高级筛选条件区域的筛选条件设置

④ 要将分类汇总的统计结果复制到工作表"职工人员结构分析"中，可以先切换到对应的分类汇总的工作表中，单击工作表左侧的分级显示区顶端的 2 按钮，此时工作表中将只显示列标题、各个分类汇总结果和总计结果。将分类汇总结果复制到 Word 文档中，添加必要的表格列标题，删除多余的文字，然后将汇总结果复制到工作表"职工人员结构分析"中即可。将分类汇总数据按照表 4-1 的要求绘制图表。

⑤ 计算虚岁的公式为：YEAR(TODAY())−YEAR(F3)，其中，单元格"F3"中存储了出生日期数据，函数 TODAY()返回当前系统日期。

⑥ 计算实岁的公式为：IF(MONTH(F3)<MONTH(TODAY()),L3,IF(MONTH(F3)>MONTH(TODAY()),L3−1,IF(DAY(F3)<=DAY(TODAY()),L3,L3−1)))。其中，单元格"F3"中存储了出生日期数据，"L3"中存储了虚岁数据。

⑦ 计算 35 岁以下年龄段的职工人数的公式为：COUNTIF(M3:M40,"<=35")。计算 35～45 岁年龄段的职工人数的公式为：COUNTIF(M3:M40,"<=45")−COUNTIF(M3:M40,"<=35")。计算 45 岁以上年龄段的职工人数公式为：COUNTIF(M3:M40,">45")。

【考核评价】

【技能测试】

【测试 4–1】"五四"青年节活动经费预算数据的输入

在文件夹"模块 4"中创建并打开 Excel 工作簿"'五四'青年节活动经费预算表.xlsx"，在该工作表"Sheet1"中输入表 4-2 所示的"五四"青年节活动经费预算数据。要求"序号"列数据"1～13"使用"自定义序列"对话框设置后填充输入，在"序号"对应行之前插入一行，在该行第 1 个单元格中输入文本内容"'五四'青年节活动经费预算表"（表 4-2 中没有体现）。

表 4-2　"五四"青年节活动经费预算

序号	费用支出项目	金额/元
1	制作纪念"五四"运动的展板	1200
2	制作晚会海报	600
3	制作晚会邀请函	800
4	购买饮用水	600
5	租赁音响设备	4000
6	租赁灯光设备	5000
7	租赁晚会主持人及演员服装	3000
8	购买与制作道具	2000
9	晚会主持人及演员化妆	2000
10	资料印刷等费用	1200
11	购买奖品、纪念品等	5200
12	晚会主持人、演员、晚会工作人员用餐	8000
13	其他项目	2000
	合计	35600

【测试 4-2】"五四"青年节活动经费预算表的格式设置与效果预览

打开文件夹"模块 4"中的 Excel 工作簿"'五四'青年节活动经费预算表.xlsx"，按照以下要求进行操作。

① 使用"开始"选项卡"字体"区域的字号按钮设置第 1 行"'五四'青年节活动经费预算表"的字号为 18，字形为加粗；设置其他行文字的字号为 12。

② 使用"开始"选项卡"对齐方式"区域的对齐按钮将"序号"所在行数据的水平对齐方式设置为居中。

③ 使用"开始"选项卡"对齐方式"区域的对齐按钮将"序号"所在列数据的水平对齐方式设置为居中。

④ 使用鼠标拖曳的方法将第 1 行的行高设置为 30，其他数据行的行高设置为 20；使用鼠标拖曳的方法将各数据列的宽度设置为至少能容纳单元格中的内容。

⑤ 使用"开始"选项卡"对齐方式"区域的"合并后居中"按钮，将第 1 行"'五四'青年节活动经费预算表"对应的 3 个单元格合并，且将文字内容的水平对齐方式设置为居中。

⑥ 将"金额（元）"列数据设置为"货币"类型，小数位数为 1 位，货币符号为¥。

⑦ 为包含数据的单元格区域设置框线。

【测试 4-3】"五四"青年节活动经费决算表的格式设置与数据计算

打开文件夹"模块 4"中的 Excel 工作簿"'五四'青年节活动经费决算表.xlsx"，按照以下要求在工作表"Sheet1"中完成相应的操作。

① 将第 1 行标题"'五四'青年节活动经费决算表"字体设置为隶书，字号设置为 20，字形设置为粗体；将水平对齐方式设置为跨列居中，垂直对齐方式设置为居中。

② 将其他各行文字的字体设置为宋体，字号设置为 11，垂直对齐方式设置为居中。将第 2 行水平对齐方式设置为居中，第 3 行至第 16 行的水平对齐方式保持其默认设置。

③ 将第 1 行的行高设置为 30，第 2 行至第 16 行的行高设置为 20。为包含数据的单元格区域设置框线。

④ 将第 1 列的列宽设置为 6，第 2 列的列宽设置为 35，第 3 列至第 6 列的列宽设置为 15。

⑤ 将预算金额、实际支出和余额对应数据格式设置为"货币"，小数位数为 1 位，货币符号为¥，负数加括号且套红显示。

⑥ 利用公式"预算金额–实际支出"先计算项目 1 的余额，然后拖曳填充柄复制公式，计算其他各个项目的余额。

⑦ 使用求和函数 SUM 计算预算金额、实际支出和余额的合计值。

本测试的参考效果如图 4-8 所示。

图 4-8　参考效果

【测试 4–4】计算机配件销售数据的计算与统计

打开文件夹"模块 4"中的 Excel 工作簿"计算机配件销售情况表.xlsx"，按照以下要求进行计算。

① 使用"开始"选项卡"编辑"区域的"自动求和"按钮，计算产品销售总数量，计算结果存放在单元格 E31 中。

② 在编辑栏常用函数列表中选择所需的函数，计算产品销售总额，计算结果存放在单元格 F31 中。

③ 手动输入计算公式，计算产品平均销售额，计算结果存放在单元格 F35 中。

④ 使用"插入函数"对话框和"函数参数"对话框计算产品的最高价格和最低价格，计算结果分别存放在单元格 D33 和 D34 中。

【测试 4-5】计算机配件销售数据的统计与分析

① 打开文件夹"模块 4"中的 Excel 工作簿"计算机配件销售情况表 1.xlsx"，在工作表"Sheet1"中按"产品名称"升序和"销售额"降序进行排列。

② 打开文件夹"模块 4"中的 Excel 工作簿"计算机配件销售情况表 2.xlsx"，在工作表"Sheet1"中筛选出价格在 600 元以上、1000 元以内（不包含 1000 元）的 CPU 和主板。

③ 打开文件夹"模块 4"中的 Excel 工作簿"计算机配件销售情况表 3.xlsx"，在工作表"Sheet1"中筛选出价格大于 600 元并且小于 1000 元，同时销售额在 20000 元以上的 CPU 与价格低于 800 元的主板。

④ 打开文件夹"模块 4"中的 Excel 工作簿"计算机配件销售情况表 4.xlsx"，在工作表"Sheet1"中按"产品名称"分类汇总，汇总项为"数量"和"销售额"，并尝试保护工作表"Sheet1"。

⑤ 打开文件夹"模块 4"中的 Excel 工作簿"蓝天电脑有限责任公司计算机配件销售统计表.xlsx"，在工作表"Sheet1"中按"业务员"将每种"产品"的销售额汇总求和，存入新建工作表中，并尝试保护该工作簿。

【测试 4-6】计算机配件销售图表的创建与编辑

打开文件夹"模块 4"中的 Excel 工作簿"第 1、2 季度计算机配件销售情况表.xlsx"，在工作表"Sheet2"中创建图表，图表标题为"第 1、2 季度计算机配件销售情况"，分类轴标题为"配件类型"，数值轴标题为"销售额"，且在图表中添加图例和数据表。图表创建完成后对其格式进行设置。

【习题】

1. Excel 2016 文件的扩展名是（　　　）。

   A．.txt 　　　　　　B．.xlsx 　　　　　　C．.docx 　　　　　　D．.wps

2. Excel 2016 是一种（　　　）软件。

   A．系统 　　　　　　B．文字处理 　　　　　C．应用 　　　　　　D．演示文稿

3. Excel 2016 工作表编辑栏中的名称框显示的是（　　　）。

   A．当前单元格的内容 　　　　　　　　B．单元格区域的地址名字

   C．单元格区域的内容 　　　　　　　　D．当前单元格的地址名字

4. 在 Excel 2016 中，当在"排序"对话框中的"当前数据清单"框中选择"有标题行"选项时，该标题行（　　　）。

   A．将参加排序 　　　　　　　　　　　B．将不参加排序

   C．位置总在第一行 　　　　　　　　　D．位置总在最后一行

5. 在 Excel 2016 中，选定单元格时，可选定连续区域或不连续区域单元格，其中有一个当前单元格，它是以（　　　）标识的。

   A．黑底色 　　　　　　　　　　　　　B．粗黑边框

   C．高亮度条 　　　　　　　　　　　　D．亮白色

6. 单元格的格式（　　　）。

  A. 一旦确定，将不能改变　　　　　　　B. 随时都能改变

  C. 根据输入数据的格式而定，不可随意改变　D. 更改后将不能改变

7. 在单元格中输入数字 300100（邮政编码）时，应输入（　　　）。

  A. 300100　　　　　B. "300100"　　　　C. '300100　　　　D. 300100'

8. 单元格地址 E6 表示的是（　　　）。

  A. 第 7 列的单元格　　　　　　　　　　B. 第 6 行第 5 列相交处的单元格

  C. 第 5 行第 6 列相交处的单元格　　　　D. 第 6 行的单元格

9. 在 Excel 2016 中，一个新工作簿默认有（　　　）个工作表。

  A. 1　　　　　　　B. 3　　　　　　　C. 2　　　　　　　D. 16

10. Excel 2016 编辑栏中的"☒"按钮的含义是（　　　）。

  A. 不能接受数学公式　　　　　　　　　B. 确认输入的数据或公式

  C. 取消输入的数据或公式　　　　　　　D. 无意义

11. Excel 2016 编辑栏中的"="的含义是（　　　）。

  A. 确认　　　　　　　　　　　　　　　B. 等号

  C. 编辑公式　　　　　　　　　　　　　D. 取消

12. EXCEL 2016 编辑栏中的"☑"按钮表示（　　　）。

  A. 确认输入的数据或公式　　　　　　　B. 无意义

  C. 取消输入的数据或公式　　　　　　　D. 编辑公式

13. 在工作表的单元格中出现一连串的"#"符号，则表示（　　　）。

  A. 使用错误的参数　　　　　　　　　　B. 需调整单元格的宽度

  C. 公式中无可用数值　　　　　　　　　D. 单元格引用无效

14. 在当前单元格中 B5 单元格的相对引用是（　　　）。

  A. B5　　　　　　　B. $B5　　　　　　C. B$5　　　　　　D. B5

15. 在 Excel 2016 中，公式必须以（　　　）开头。

  A. 文字　　　　　　B. 字母　　　　　　C. =　　　　　　　D. 数字

16. 在 Excel 2016 中，下列（　　　）是单元格的绝对引用。

  A. A2　　　　　　　B. A$2　　　　　　C. A2　　　　　　D. $A2

17. 在默认的情况下，在 Excel 2016 中输入的文本（　　　）。

  A. 靠中间对齐　　　　　　　　　　　　B. 靠左对齐

  C. 靠右对齐　　　　　　　　　　　　　D. 靠任何地方对齐

18. 在工作表中，如果在某一单元格中输入"3/5"，则 Excel 2016 认为其是（　　　）数据。

  A. 文字型　　　　　B. 日期型　　　　　C. 数值型　　　　　D. 逻辑型

19. 在单元格中输入（　　　），使该单元格中显示 0.4。

  A. 8/20　　　　　　B. =8/20　　　　　C. "8/20"　　　　　D. ="8/20"

20. 在 Excel 2016 中，不存在（　　　）选项卡。

  A. "插入"　　　　　B. "图表"　　　　　C. "审阅"　　　　　D. "视图"

21. 在 Excel 2016 中，若要选取多个连续的工作表，则按住（　　　）键，并通过鼠标分别单击要
选取的工作表标签。

A．"Delete"　　　　　B．"Shift"　　　　　C．"Ctrl"　　　　　D．"Esc"

22. 在编辑 Excel 工作表时，如果要输入分数 "1/6"，应先输入（　　），再输入分数。

A．空格　　　　　　B．/　　　　　　　　C．1　　　　　　　　D．0 空格

23. 在单元格中输入当前的日期只需按（　　）组合键。

A．"Ctrl +;"　　　　B．"Shift +;"　　　　C．"Ctrl +:"　　　　D．"Shift +:"

24. 在单元格中输入文本后，按（　　）组合键，可在当前活动单元格内换行。

A．"Esc + Enter"　　B．"Alt + Enter"　　C．"Ctrl + Enter"　　D．"Shift + Enter"

25. 在单元格内输入当前的时间只需按（　　）组合键。

A．"Ctrl + :"　　　　B．"Alt + ;"　　　　C．"Ctrl + shift + :"　　D．"Esc + :"

26. 在某一单元格内输入 "5:6"，Excel 将按（　　）对待。

A．日期　　　　　　B．时间　　　　　　C．文字　　　　　　D．数值

27. 单元格区域 "B2:C5" 包含（　　）个单元格。

A．2　　　　　　　B．4　　　　　　　　C．8　　　　　　　　D．10

28. 在 Excel 2016 中，"A4:B5" 代表（　　）单元格。

A．A4、A5　　　　B．A4、A5、B4、B5　C．B4、B5　　　　　D．A4、B5

29. 在 Excel 2016 中，"A4,B5" 代表（　　）单元格。

A．A4、B5　　　　　　　　　　　　　B．A4、A5、B4、B5

C．A4、A5　　　　　　　　　　　　　D．B4、B5

30. 图表（　　）。

A．是工作表数据的另一种表现形式　　　B．是一组图片

C．可以用绘图工具编辑　　　　　　　　D．是根据工作表数据用绘图工具绘制的

31. 在 Excel 2016 中，图表是数据的一种视觉表现形式，是动态的，改变了图表中（　　）后，Excel 2016 会自动更改图表。

A．x 轴的数据　　　　　　　　　　　B．y 轴的数据

C．相依赖的工作表的数据　　　　　　　D．的标题

32. 在 Excel 2016 中，（　　）单元格可以拆分。

A．几个　　　　　　B．合并过的　　　　C．活动　　　　　　D．任意

33. 输入数字时，Excel 2016 的默认形式是数字（　　）。

A．在单元格中任何位置　　　　　　　　B．在单元格中左对齐

C．在单元格中右对齐　　　　　　　　　D．在单元格中间

34. 在 Excel 2016 中，选择一个含有数字内容的活动单元格，按住（　　）键，向右或向下拖曳填充柄，经过的单元格被填入的是按 1 递增的数列。

A．"Shift"　　　　　B．"Alt"　　　　　　C．"Ctrl"　　　　　D．"Esc"

35. 在 Excel 2016 中，选择一个含有数字内容的活动单元格，按住（　　）键，向左或向上拖曳填充柄，经过的单元格被填入的是按 1 递减的数列。

A．"Shift"　　　　　B．"Alt"　　　　　　C．"Esc"　　　　　D．"Ctrl"

36. 在 Excel 2016 中，单元格中的文本对齐方式可通过（　　）选项卡设置。

A．"开始"　　　　　B．"视图"　　　　　C．"页面布局"　　　　D．"数据"

37. 在公式中使用了 Excel 2016 不能识别的文本时，单元格将显示错误值，该值以（　　）开头。

A. %　　　　　　　　B. @　　　　　　　　C. ￥　　　　　　　　D. #

38. 组成 Excel 工作表的最基本单元是（　　　）。

    A. 工作表　　　　　　　　　　　　　　B. 当前单元格区域

    C. 单元格　　　　　　　　　　　　　　D. 工作簿

39. 在 Excel 2016 中，选定若干个不相邻的单元格区域的方法是按住（　　　）键配合鼠标操作。

    A. "Ctrl"　　　　B. "Shift + Ctrl"组合 C. "Alt + Shift"组合　　D. "Esc"

40. 对单元格中的公式进行复制时，（　　　）会发生变化。

    A. 相对地址中的偏移量　　　　　　　　B. 相对地址所引用的单元格

    C. 绝对地址中的地址表达式　　　　　　D. 绝对地址所引用的单元格

41. 在 Excel 2016 的活动单元格中输入"1/5"，默认情况下单元格内显示的是（　　　）。

    A. 小数 0.2　　　　　　　　　　　　　B. 分数 1/5

    C. 日期 5 月 1 日　　　　　　　　　　D. 百分数 20%

42. 在 Excel 2016 中，可使用（　　　）中的命令给选定的单元格加边框。

    A. "视图"选项卡　　　　　　　　　　B. "开始"选项卡

    C. "插入"选项卡　　　　　　　　　　D. "页面布局"选项卡

43. 在 Excel 2016 中，如果"A1:A5"单元格区域中每个单元格的值依次为 10、15、20、25、30，则使用 Average(A1:A5)得到的值为（　　　）。

    A. 15　　　　　　　B. 20　　　　　　　C. 25　　　　　　　D. 30

44. 在 Excel 2016 中，默认的显示格式为居中的是（　　　）。

    A. 数值型数据　　　B. 字符型数据　　　C. 逻辑型数据　　　D. 不确定

45. 在 Excel 2016 中，对选定的单元格执行"全部清除"命令，则可以清除（　　　）。

    A. 单元格格式　　　B. 单元格的内容　　C. 单元格的批注　　D. 以上都可以

46. 在 Excel 2016 中，当前活动单元格为 B2，在公式栏中输入"='2021-1-27'-'2021-1-7'"，则"B2"单元格显示（　　　）。

    A. #VALUE!　　　　　　　　　　　　　B. "2021-1-27"-"2021-1-7"（格式为左对齐）

    C. 20（格式为左对齐）　　　　　　　　D. 20（格式为右对齐）

47. 在 Excel 2016 中，对单元格地址进行绝对引用，正确的方法是（　　　）。

    A. 在单元格地址前加"$"

    B. 在单元格地址后加"$"

    C. 在构成单元格地址的字母和数字前分别加"$"

    D. 在构成单元格地址的字母和数字间加"$"

48. 在 Excel 2016 中，工作簿窗口的拆分的形式为（　　　）。

    A. 水平拆分　　　　B. 垂直拆分　　　　C. 水平、垂直同时拆分 D. 以上全部

49. 在 Excel 2016 的工作表中，可以选择一个或一组单元格。活动单元格是指（　　　）。

    A. 1 列单元格　　　B. 1 行单元格　　　C. 1 个单元格　　　D. 被选单元格

50. 在 Excel 2016 的公式运算中，如果要引用第 6 行的绝对地址、第 4 列的相对地址，则引用的地址表示为（　　　）。

    A. D$6　　　　　　　B. D6　　　　　　　C. D6　　　　　　D. $D6

【提升训练】

【训练 5-1】制作演示文稿"图形在 PPT 中的应用.pptx"

【训练描述】

创建演示文稿"图形在 PPT 中的应用.pptx",完成以下任务,熟悉图形在 PowerPoint 2016 中的应用。

① 绘制并编辑形状。

② 合并与美化形状。

【训练实施】

创建演示文稿"图形在 PPT 中的应用.pptx",在第一张幻灯片中输入文字"绘制与美化图形",将文字字体设置为微软雅黑,字号设置为 60。

1. 绘制并编辑形状

(1)绘制并编辑单个圆

在"插入"选项卡的"插图"组中单击"形状"按钮,展开其下拉菜单,单击"椭圆"按钮◯,按住"Shift"键的同时,按住鼠标左键并拖曳鼠标,在幻灯片中绘制出正圆。实心正圆如图 5-1 所示。

再画一个正圆,设置该圆的形状填充颜色为白色,形状轮廓为 3 磅虚线。空心虚线圆如图 5-2 所示。

图 5-1　实心正圆　　　　　　　　　　图 5-2　空心虚线圆

【说明】按住"Shift"键的同时绘制直线则可以画出水平线和垂直线，按住"Shift"键的同时绘制矩形则可以画出正方形。

（2）绘制并编辑带箭头的弧形

在"插入"选项卡的"插图"组中单击"形状"按钮，展开其下拉菜单，单击"弧形"按钮，按住鼠标左键并拖曳鼠标，在幻灯片中绘制弧形，然后旋转弧形并调整其形状和位置。

选中幻灯片中的弧形，在"绘图工具-格式"选项卡"形状样式"组的"形状轮廓"下拉菜单中设置弧形的粗细和箭头，带箭头的弧形如图 5-3 所示。

（3）绘制并编辑折线

在"插入"选项卡的"插图"组中单击"形状"按钮，展开其下拉菜单，单击"任意多边形：形状"按钮，按住"Shift"键的同时，按鼠标左键然后拖曳鼠标，在幻灯片中绘制第一根线条。第一根线条绘制完成后，再按鼠标左键然后拖曳鼠标，在幻灯片中绘制第二根线条，第二根线条绘制完成后双击鼠标左键即可结束绘制。绘制的折线如图 5-4 所示。

图 5-3　带箭头的弧形　　　　　　　图 5-4　折线

选中幻灯片中的折线，在"绘图工具-格式"选项卡的"插入形状"组中单击"编辑形状"按钮，展开其下拉菜单，选择"编辑顶点"命令，如图 5-5 所示。此时折线处于编辑状态，如图 5-6 所示，拖曳编辑点可以调整线条的长度和折线的外形。

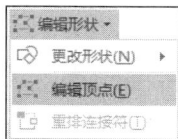

图 5-5　选择"编辑顶点"命令　　　　图 5-6　处理编辑顶点状态的折线

（4）绘制并编辑立方体

在"插入"选项卡的"插图"组中单击"形状"按钮，展开其下拉菜单，单击"立方体"按钮，按住鼠标左键并拖曳鼠标，在幻灯片中绘制一个立方体。选中绘制的立方体，单击鼠标右键，在弹出的快捷菜单中选择"设置形状格式"命令，打开"设置形状格式"窗格，打开"效果"选项卡，展开"映像"设置区域，将"透明度"设置为 24%，"大小"设置为 14%，"模糊"设置为 0 磅，"距离"设置为 2 磅，映像的自定义设置如图 5-7 所示。

设置了自定义映像效果的立方体如图 5-8 所示。

图 5-7　映像的自定义设置　　　　　图 5-8　设置了自定义映像效果的立方体

（5）绘制并编辑由两个不完整圆组成的饼图

在"插入"选项卡的"插图"组中单击"形状"按钮，展开其下拉菜单，单击"不完整圆"按钮，按住鼠标左键并拖曳鼠标，在幻灯片中绘制一个不完整圆，调整不完整圆的尺寸大小和缺角大小。

以同样的方法绘制另一个不完整圆，并调整其半径和角度。

将两个不完整圆移动到相邻的位置，组成一张饼图，如图 5-9 所示，该饼图可以形象地显示数据的分布比例、结构比例等情况。

（6）绘制并编辑由两个弧形组成的图形

在"插入"选项卡的"插图"组中单击"形状"按钮，展开其下拉菜单，单击"弧形"按钮，按住鼠标左键并拖曳鼠标，在幻灯片中绘制一个弧形，调整弧形的半径、弧线粗细和弧形角度。

以同样的方法绘制另一个弧形，并调整其半径、弧线粗细和弧形角度。

将两个弧形移动到靠近的位置，组成一个图形，如图 5-10 所示，该图形也可以形象地显示数据的分布比例、结构比例等情况。

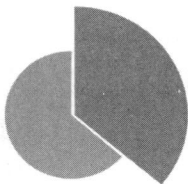

图 5-9　两个不完整圆组成一张饼图　　图 5-10　两个弧形组成一个图形

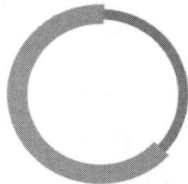

2．合并与美化形状

（1）合并两个圆

在幻灯片中分别绘制两个正圆，设置两个圆的填充颜色为不同颜色，调整两个圆的位置，使其部分相交，然后选中两个圆，如图 5-11 所示。

在"绘图工具-格式"选项卡的"插入形状"组中单击"合并形状"按钮，展开其下拉菜单，选择"联合"命令，如图 5-12 所示，将两个圆进行联合。

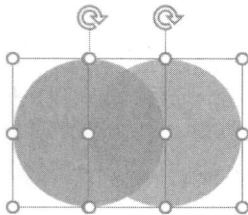

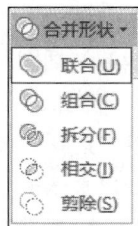

图 5-11　选中两个圆　　　　　图 5-12　"合并形状"下拉菜单

在"合并形状"下拉菜单中还可以选择"组合""拆分""相交""剪除"命令，两个圆的各种合并效果如图 5-13 所示。

图 5-13　两个圆的各种合并效果

（2）获取图片填充的半圆形

先分别在幻灯片中绘制一个正圆和一个矩形，调整圆和矩形的位置，使矩形的一条边与圆的水平直径重合。按住"Shift"键，然后依次选择圆和矩形，在"合并形状"下拉菜单中选择"剪除"命令，即可得到半圆形。

选中半圆形，设置形状填充为已有图片。图片填充的半圆形效果如图 5-14 所示。

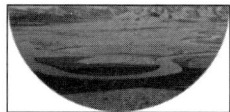

图 5-14　图片填充的半圆形效果

（3）获取空心的泪滴形状

先分别在幻灯片中绘制一个泪滴形状和一个正圆，调整两个形状至合适位置。按住"shift"键，然后依次选择泪滴形状和正圆，在"合并形状"下拉菜单中选择"剪除"命令，即可得到空心的泪滴形状。

选中空心的泪滴形状，设置形状轮廓的颜色为白色，设置形状效果为向下偏移的阴影。空心的泪滴形状效果如图 5-15 所示。

（4）组合多个形状

先分别在幻灯片中绘制一个正圆和一个剪去单角的矩形，调整两个形状至合适位置。然后选择这两个形状，在"合并形状"下拉菜单中选择"联合"命令，将所选择的两个形状联合。

接着绘制一个正圆，并设置该圆的填充颜色为白色，调整该圆至联合形状中的合适位置，并使该圆处于顶层位置，多个形状组合的效果如图 5-16 所示。

图 5-15　空心的泪滴形状效果　　　　图 5-16　多个形状组合的效果

【训练 5–2】制作演示文稿"绘制与美化 SmartArt 图形.pptx"

【训练描述】

创建演示文稿"绘制与美化 SmartArt 图形.pptx"，熟悉 SmartArt 图形在 PowerPoint 2016 中的应用，具体要求如下。

① 在幻灯片中插入"射线维恩图"。

② 在幻灯片中插入"块循环"。

扫码观看
本任务视频

【训练实施】

创建演示文稿"绘制与美化 SmartArt 图形.pptx"，在第一张幻灯片中输入文字"绘制与美化 SmartArt 图形"，设置字体为微软雅黑，设置字号为 48。

1．在幻灯片中插入"射线维恩图"

在演示文稿"绘制与美化 SmartArt 图形.pptx"中增加一张幻灯片，在"插入"选项卡的"插图"组中单击"SmartArt"按钮，打开"选择 SmartArt 图形"对话框。在该对话框"循环"组中选择"射线维恩图"，如图 5-17 所示。然后单击"确定"按钮，关闭对话框并在幻灯片中插入默认格式的"射线维恩图"。

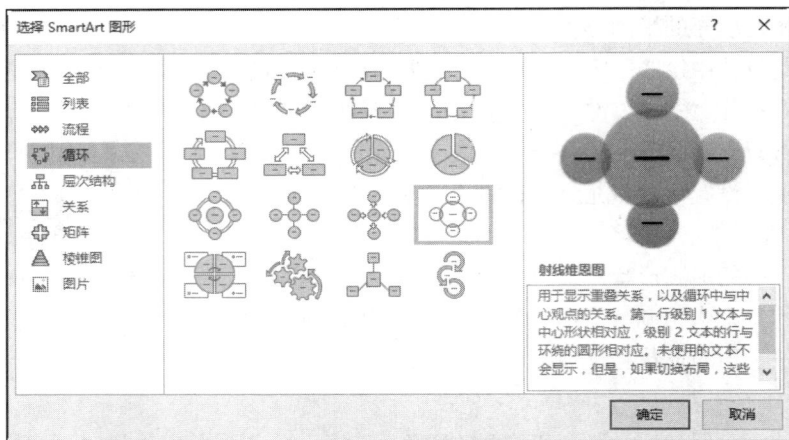

图 5-17　选择"射线维恩图"

在"射线维恩图"各个圆形的文本占位符中输入文字，分别选中各个圆形并设置其形状填充颜色和形状轮廓颜色。"射线维恩图"的外观效果如图 5-18 所示。

2．在幻灯片中插入"块循环"

在演示文稿"绘制与美化 SmartArt 图形.pptx"中增加一张幻灯片。在"插入"选项卡的"插图"组中单击"SmartArt"按钮，打开"选择 SmartArt 图形"对话框。在该对话框"循环"组中选择"块循环"选项，然后单击"确定"按钮，关闭对话框并在幻灯片中插入默认格式的"块循环"。

在"块循环"各个圆角矩形的文本占位符中输入文字，分别选中各个圆角矩形和带箭头线条，设置其形状填充颜色和形状轮廓颜色。"块循环"的外观效果如图 5-19 所示。

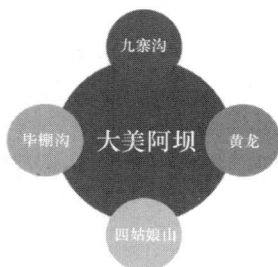

图 5-18　"射线维恩图"的外观效果

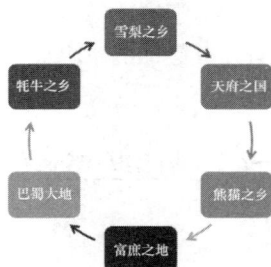

图 5-19　"块循环"的外观效果

【训练 5-3】制作展示阿坝美景的演示文稿"阿坝美景.pptx"

【训练描述】

创建演示文稿"阿坝美景.pptx"，展示阿坝美景，具体要求如下。

① 设置幻灯片母版,在幻灯片母版中设置封面幻灯片的版式和正文幻灯片的版式。

② 在该演示文稿中添加多张幻灯片，在各张幻灯片中插入阿坝美景的图片，调整图片尺寸并输入必要的文字。

③ 根据实际需要，裁剪图片或抠图。

扫码观看
本任务视频

④ 根据实际需要，对幻灯片中的图片套用图片样式，设置图片柔化边缘、阴影效果、立体效果。

⑤ 根据实际需要，设置幻灯片图片的版式。

【训练实施】

创建演示文稿"阿坝美景.pptx"，添加 1 张幻灯片。

1. 设置幻灯片母版

在 PowerPoint 2016 窗口的"视图"选项卡"母版视图"组中单击"幻灯片母版"按钮，进入幻灯片母版编辑状态，保留默认幻灯片母版中的"空白 版式"和"图片与标题 版式"，将其他版式删除。

（1）设置封面幻灯片的版式

选中"空白 版式"页面，在"幻灯片母版"选项卡的"母版版式"组中单击"插入占位符"按钮，展开其下拉菜单，选择"图片"命令，如图 5-20 所示。然后在"空白 版式"页面按住鼠标左键，拖曳鼠标绘制图片占位符。调整图片占位符的位置和尺寸。

在幻灯片母版视图的左侧幻灯片版式列表的"空白 版式"上单击鼠标右键，弹出快捷菜单，在其中选择"重命名版式"命令，弹出"重命名版式"对话框。在该对话框的"版式名称"文本框输入新名称"封面 版式"，如图 5-21 所示，然后单击"重命名"按钮即可。

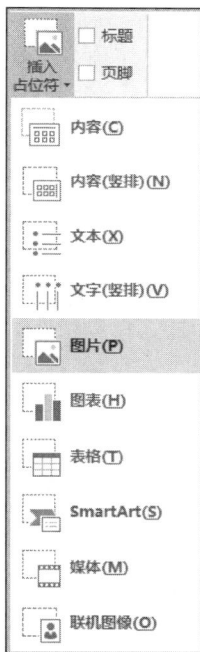

图 5-20　在"插入占位符"下拉菜单中选择"图片"命令　　　图 5-21　"重命名版式"对话框

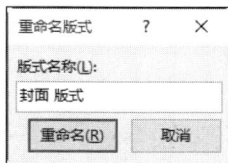

（2）设置正文幻灯片的版式

选中"图片与标题 版式"页面，调整图片占位符的位置，使其位于页面上方，将其高度设置为 15.38 厘米，宽度设置为 34 厘米。

将标题占位符拖曳到页面左下角，设置标题文字字体为方正粗倩简体，字号为 40，颜色为绿色，个性色为 6，深色为 50%。

在标题占位符右侧添加 1 个文本占位符，将其文字字体设置为方正卡通简体，字号设置为 18，

将段落的特殊缩进方式设置为首行，1.27 厘米，将行距设置为多倍行距，1.2。

设置完成后，"图片与标题 版式"的外观效果如图 5-22 所示。

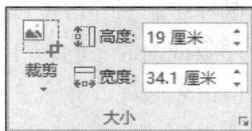

2．在幻灯片中插入图片、调整图片尺寸并输入必要的文字

删除第 1 张幻灯片中默认添加的占位符，在"插入"选项卡的"图像"组中单击"图片"按钮，弹出"插入图片"对话框。在该对话框中选择待插入的图片"九寨沟-童话世界.jpg"，然后单击"插入"按钮即可将图片插入幻灯片中。

在幻灯片中选中插入的图片，在"图片工具-格式"选项卡的"大小"组中设置图片的高度和宽度，如图 5-23 所示。

图 5-22　"图片与标题 版式"的外观效果　　　图 5-23　设置图片的高度和宽度

在所插入的图片右下角处再插入一个文本框，在该文本框中输入文字"大美阿坝"，设置文字的字体为方正硬笔行书简体，字号为 60。

【说明】这里暂未使用幻灯片母版中的"封面 版式"。

3．在幻灯片中裁剪图片

在"开始"选项卡的"幻灯片"组中单击"新建幻灯片"按钮，展开其下拉菜单，选择"图片与标题 版式"命令，如图 5-24 所示，即可插入 1 张新幻灯片，其版式为"图片与标题 版式"。

在该幻灯片中插入图片"九寨沟.jpg"，在标题占位符中输入文字"九寨沟"，在文本占位符中输入九寨沟景区的介绍文字。

选中幻灯片中的图片，在"图片工具-格式"选项卡的"大小"组中单击"裁剪"按钮，展开其下拉菜单，用鼠标指针指向"裁剪为形状"选项，在其级联菜单中选择"基本形状"组的"椭圆"选项，如图 5-25 所示，即可将幻灯片中的图片裁剪为椭圆形状。

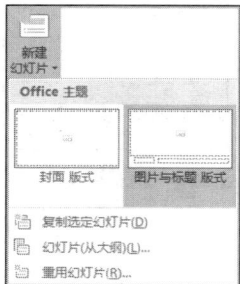

图 5-24　选择"图片与标题 版式"　　　图 5-25　选择"基本形状"组的"椭圆"选项

对幻灯片中的图片、标题文本框、正文文本框进行微调。裁剪图片后幻灯片的外观效果如图 5-26 所示。

图 5-26 裁剪图片后幻灯片的外观效果

4．在幻灯片的图片中抠图

在演示文稿中插入 1 张幻灯片，在该幻灯片中插入图片"达古冰山.jpeg"，在标题占位符中输入文字"达古冰山"，在文本占位符中输入达古冰山景区的介绍文字。

选中幻灯片中插入的图片，在"图片工具-格式"选项卡"调整"组中单击"删除背景"按钮，此时功能区显示"背景消除"选项卡，如图 5-27 所示。

在幻灯片中选中的图片会显示出删除区域和保留区域，变色区域表示删除区域，不变色区域表示保留区域。

（1）标记要保留的区域

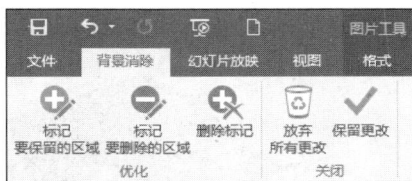

图 5-27 "背景消除"选项卡

首先，使用鼠标拖曳图形中的矩形选择框，指定所要保留的大致区域，在"背景消除"选项卡的"优化"组中单击"标记要保留的区域"按钮，然后在图片上要保留的变色区域上不断单击，直到该区域恢复为本色。

（2）标记要删除的区域

在"背景消除"选项卡的"优化"组中单击"标记要删除的区域"按钮，然后在图片上要删除的未变色区域上不断单击，直到该区域变色。

标记要保留区域和要删除区域后的外观效果如图 5-28 所示。

图 5-28 标记要保留区域和要删除区域后的外观效果

标记好要保留的区域和要删除的区域后，在"关闭"组中单击"保留更改"按钮，即可删除图片中不需要的部分。

再一次选中幻灯片中抠图完成的图片，在"图片工具-格式"选项卡的"大小"组中单击"裁剪"下拉按钮，展开其下拉菜单，选择"裁剪"命令，图片四周将会出现裁剪控制点，拖曳裁剪控制点至合适位置，得到所需的图片尺寸，如图 5-29 所示。裁剪掉多余部分后可得到需要的图片。

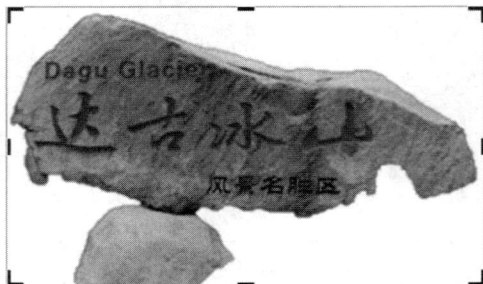

图 5-29 拖曳裁剪控制点至合适位置

接着在该幻灯片中插入"东措日月海.jpg""一号冰川.jpg""洛格斯神山.jpg"3 张图片，分别将这些图片裁剪为"燕尾形""剪去对角的矩形""泪滴形"。调整图片位置，对图片进行适度旋转，设置完成后幻灯片的外观效果如图 5-30 所示。

图 5-30 设置完成后幻灯片的外观效果

5．为幻灯片中的图片套用图片样式

在演示文稿中插入 1 张幻灯片，在该幻灯片中插入图片"黄龙.jpg"，在标题占位符中输入文字"黄龙"，在文本占位符中输入黄龙景区介绍文字。

选中幻灯片中的图片，在"图片工具-格式"选项卡的"图片样式"组中单击"图片样式"列表框右下角的下拉按钮，展开图片样式列表，在其中选择"旋转，白色"图片样式，如图 5-31 所示，单击即可套用相应的图片样式。

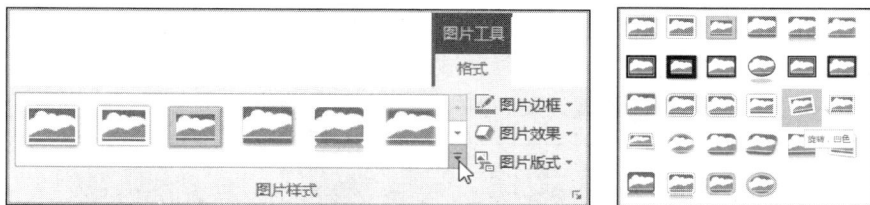

图 5-31　选择"旋转，白色"图片样式

套用图片样式后幻灯片的外观效果如图 5-32 所示。

图 5-32　套用图片样式后幻灯片的外观效果

6．柔化幻灯片中图片的边缘

在演示文稿中插入 1 张幻灯片，在该幻灯片中插入图片"花湖.jpg"，在标题占位符中输入文字"花湖"，在文本占位符中输入花湖景区介绍文字。

选中幻灯片中的图片，在"图片工具-格式"选项卡的"图片样式"组中单击"图片效果"按钮，展开其下拉菜单，用鼠标指针指向"柔化边缘"选项，在其级联菜单中选择"25 磅"选项，如图 5-33 所示。

图 5-33　在"柔化边缘"级联菜单中选择"25 磅"选项

如果在"柔化边缘"级联菜单中没有合适的选项，可以选择"柔化边缘选项"命令，打开"设置图片格式"窗格，在该窗格的"柔化边缘"区域通过设置"大小"选项来改变图片边缘柔化效果。

图片柔化边缘后，幻灯片的外观效果如图 5-34 所示。

图 5-34　图片柔化边缘后，幻灯片的外观效果

7．设置图片的边框与阴影效果

在演示文稿中插入 1 张幻灯片，在该幻灯片中插入 3 张图片"黄河九曲第一湾 1.jpg""黄河九曲第一湾 2.jpg""黄河九曲第一湾 3.jpg"，在标题占位符中输入文字"黄河九曲第一湾"，在文本占位符中输入黄河九曲第一湾景区介绍文字。

（1）设置图片的边框效果

选中幻灯片中的图片，在"图片工具-格式"选项卡的"图片样式"组中单击"图片边框"按钮，展开其下拉菜单，选择主题颜色"白色"，然后用鼠标指针指向"粗细"选项，在其级联菜单中选择"4.5 磅"选项，如图 5-35 所示。

（2）设置图片的阴影效果

选中幻灯片中的图片，在"图片工具-格式"选项卡的"图片样式"组中单击"图片效果"按钮，展开其下拉菜单，用鼠标指针指向"阴影"选项，在其级联菜单中选择"居中偏移"选项，如图 5-36 所示。

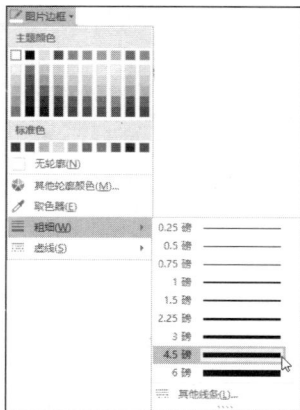

图 5-35　在"粗细"级联菜单中选择"4.5 磅"选项

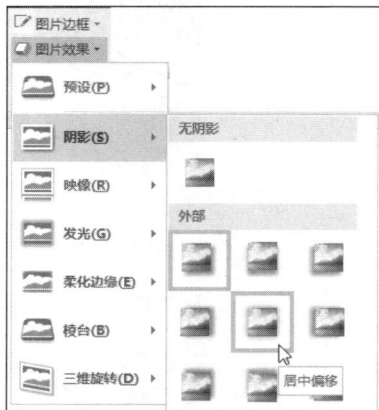

图 5-36　设置图片的阴影效果

（3）设置图片的大小和旋转角度

选中幻灯片中的图片"黄河九曲第一湾 1.jpg"，在"图片工具-格式"选项卡的"大小"组中单击"大小和位置"按钮，打开"设置图片格式"窗格，并显示"大小"区域，取消"锁定纵横比"复选框的选中状态，将高度设置为 10 厘米，宽度设置为 15 厘米，旋转角度设置为 338°，如图 5-37 所示。

其他两张图片的尺寸大小设置与图片 1 相同，旋转角度分别设置为 347° 和 354°。

（4）设置图片层次位置

选中幻灯片中的图片"黄河九曲第一湾 1.jpg"，在"图片工具-格式"选项卡的"排列"组中单击"上移一层"按钮的下拉按钮，展开其下拉菜单，单击"置于顶层"按钮，如图 5-38 所示。

选中幻灯片中的图片"黄河九曲第一湾 3.jpg"，在"图片工具-格式"选项卡的"排列"组中单击"下移一层"按钮的下拉按钮，展开其下拉菜单，单击"置于底层"按钮，如图 5-39 所示。

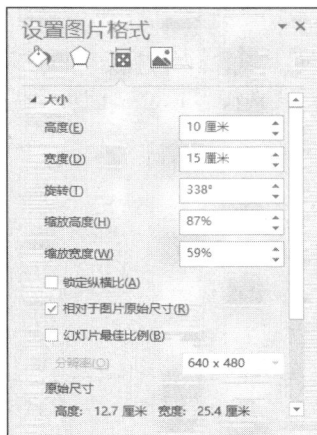

图 5-37　设置图片的尺寸大小和旋转角度

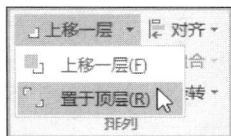

图 5-38　在"上移一层"下拉菜单中
单击"置于顶层"按钮

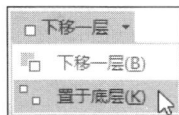

图 5-39　在"下移一层"下拉菜单中
单击"置于底层"按钮

多张图片设置了边框和阴影效果后，幻灯片的外观效果如图 5-40 所示。

图 5-40　多张图片设置了边框和阴影效果后，幻灯片的外观效果

8．增强幻灯片图片的立体感

在演示文稿中插入 1 张幻灯片，在该幻灯片中插入图片"四姑娘山.jpg"，在标题占位符中输入文字"四姑娘山"，在文本占位符中输入四姑娘山景区介绍文字。

选中幻灯片中的图片，在"图片工具-格式"选项卡的"图片样式"组中单击"图片效果"按钮，展开其下拉菜单，用鼠标指针指向"映像"选项，在其级联菜单中选择"紧密映像，4 pt 偏移量"选项，如图 5-41 所示。

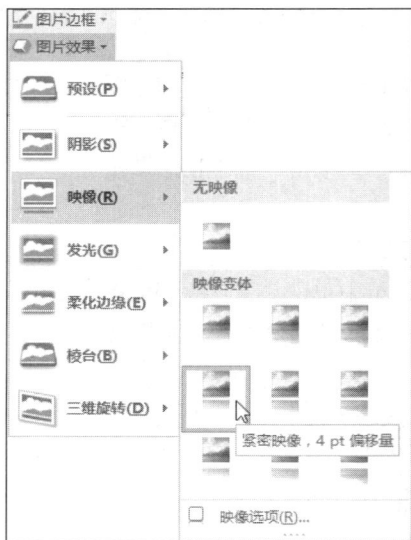

图 5-41　选择"紧密映像，4 pt 偏移量"选项

如果"映像"级联菜单中没有合适的映像选项，可以选择"映像选项"命令，打开"设置图片格式"窗格，在"映像"区域通过设置"透明度""大小""模糊""距离"参数来调整图片的映像效果。

图片设置了映像效果后，幻灯片的外观效果如图 5-42 所示。

图 5-42　图片设置了映像效果后，幻灯片的外观效果

9．对幻灯片多张图片设置版式

（1）一次性插入多张图片

在演示文稿中插入 1 张幻灯片，并删除该幻灯片中的占位符。

在"插入"选项卡"图像"组中单击"图片"按钮，弹出"插入图片"对话框。按住"Ctrl"键后在该对话框中依次选中所需的图片，这里分别选中了"毕棚沟.jpg""九顶山.jpg""卡龙沟.jpg""月亮湾.jpg"，如图 5-43 所示。

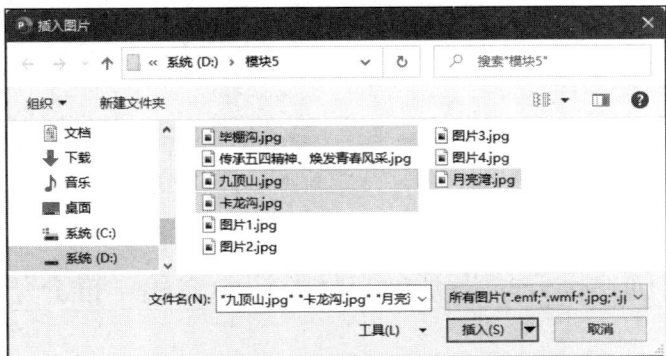

图 5-43　按住"Ctrl"键后在该对话框中依次选中所需的图片

然后单击"插入"按钮即可将选中的多张图片插入幻灯片中。一次性插入幻灯片中的多张图片呈选中状态。

（2）选用图片版式

在"图片工具-格式"选项卡的"图片样式"组中单击"图片版式"按钮，展开其下拉菜单，选择"水平图片列表"选项，单击应用相应的图片版式，如图 5-44 所示。

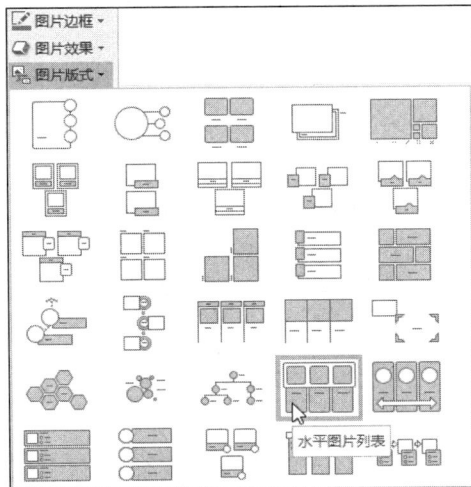

图 5-44　在"图片版式"下拉菜单中选择"水平图片列表"选项

（3）输入文字与设置格式

在幻灯片的多个文本占位符中分别输入对应景区的介绍文字，并设置好文字格式，应用了图片版式的幻灯片效果如图 5-45 所示。

图 5-45　应用了图片版式的幻灯片效果

【训练 5-4】创建推介华为系列产品的演示文稿"推介华为产品.pptx"

【训练描述】

创建演示文稿"推介华为产品.pptx"，展示华为系列产品，对演示文稿内容的具体要求如下。

① 在该演示文稿中添加多张幻灯片，在各张幻灯片中利用表格展示华为系列产品，在表格中输入必要的文字、插入必要的图片。

② 利用表格实现各种布局排版功能。

扫码观看
本任务视频

【训练实施】

创建演示文稿"推介华为产品.pptx"，添加 1 张幻灯片。

1．常规表格设计

（1）插入一个 9 行 2 列的表格

在"插入"选项卡"表格"组中单击"表格"按钮，展开其下拉菜单，使用拖曳鼠标的方法确定合适的表格行列数，如图 5-46 所示。

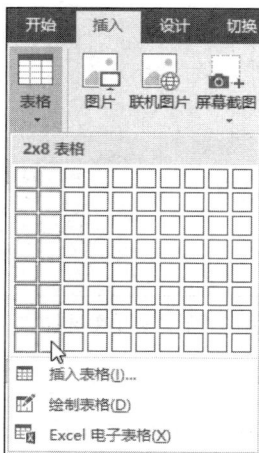

图 5-46　拖曳鼠标确定表格行列数

由于通过拖曳鼠标的方法确定表格行列数时，最多只能插入 8 行 10 列的表格，如果插入的表格超过 8 行或 10 列，则可以选择"插入表格"命令，在打开的"插入表格"对话框中设置行数和列数。这里在"列数"数值微调框中输入"2"，在"行数"数值微调框中输入"9"，如图 5-47 所示，然后单击"确定"按钮即可插入一个采用默认格式的 9 行 2 列表格。默认格式的表格如图 5-48 所示。

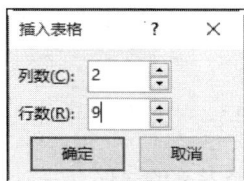

图 5-47　"插入表格"对话框　　　　　　图 5-48　默认格式的表格

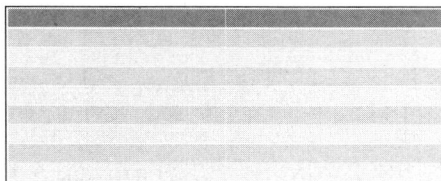

（2）设置表格的样式与输入文字内容

选中幻灯片中的表格，在"表格工具-设计"选项卡"表格样式"组中单击"表格样式"列表框右下角的"其他"按钮，展开"表格样式"列表，在其中可以选择不同的表格样式。例如，选择"无样式，网格型"选项后，表格外观效果如图 5-49 所示。

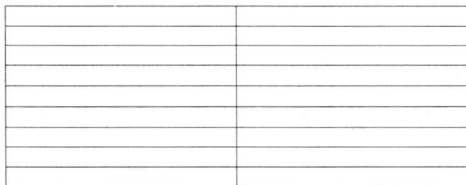

图 5-49　选择"无样式，网格型"选项后，表格外观效果

这里保持默认的"中度样式 2-强调 1"表格样式，然后在表格的标题行及其他各行中输入华为 P10 Plus 手机的参数。

（3）设置表格中文本内容的对齐方式

选取表格各个单元格中的文本内容，在"表格工具-布局"选项卡的"对齐方式"组中单击"垂直居中"按钮，设置单元格文字垂直居中，如图 5-50 所示。然后单击"居中"按钮，设置单元格文字水平居中。对齐方式设置完成后的表格外观效果如图 5-51 所示。

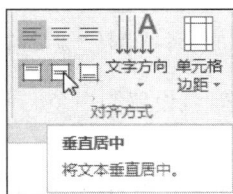

参数名称	参数值
主屏尺寸	5.5英寸
主屏分辨率	2560像素×1440像素
后置摄像头	2000万像素
前置摄像头	800万像素
电池容量	3750mAh
电池类型	不可拆卸式电池
处理器核心	八核+微智核i6
内存容量	6GB

图 5-50　单击"垂直居中"按钮　　图 5-51　对齐方式设置完成后的表格外观效果

（4）在表格中插入表格名称行

先选中表格的第 1 行，然后在"表格工具-布局"选项卡的"行和列"组中单击"在上方插入"

按钮，如图 5-52 所示，则表格上方新增一行。

选中新增行的两个单元格，然后在"表格工具-布局"选项卡的"合并"组中单击"合并单元格"按钮，如图 5-53 所示，则新增行的两个单元格合并为一个单元格，设置该合并单元格水平方向和垂直方向的对齐方式均为居中。

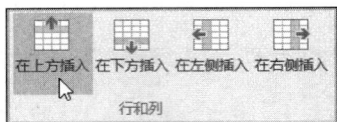

图 5-52　单击"在上方插入"按钮

图 5-53　单击"合并单元格"按钮

在新增行中输入表格名称"华为 P10 Plus 参数"，并设置表格名称的字体、字号和颜色。

（5）设置表格名称行的行高

选中新增的名称行，在"表格工具-布局"选项卡的"单元格大小"组的"高度"数值微调框中输入"1.4 厘米"，如图 5-54 所示。

【说明】调整行高或列宽，也可以将鼠标指针置于表格分割线上，通过拖曳鼠标来完成。

（6）设置表格中标题行文字颜色和底纹颜色

由于表格中新增了表格名称行，原标题行的文字颜色和底纹颜色自动发生改变，需要重新设置。

选中表格中的标题行，在"表格工具-设计"选项卡的"表格样式"组中单击"底纹"按钮，展开其下拉菜单，在"主题颜色"区域选择"蓝色,个性色 1"选项，如图 5-55 所示。

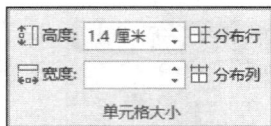

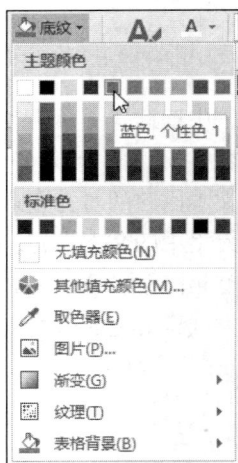

图 5-54　输入"1.4 厘米"

图 5-55　在"主题颜色"区域选择"蓝色,个性色 1"选项

然后在"开始"选项卡"字体"组中将表格标题行文字颜色设置为白色。

（7）设置表格的线型

选择表格第 2 行至第 10 行（表格名称行不选中），在"表格工具-设计"选项卡"绘制边框"组的"笔画粗细"下拉菜单中选择"1.5 磅"选项，如图 5-56 所示。表格线型默认为实线。在"表格工具-设计"选项卡"表格样式"组中单击"边框"按钮的下拉按钮 ，展开其下拉菜单，选择"外侧框线"选项，如图 5-57 所示，则表格外侧框线设置为 1.5 磅实线。

图 5-56　选择"1.5 磅"选项

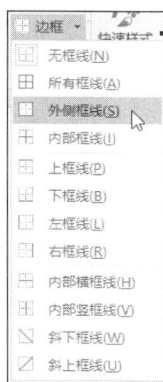

图 5-57　选择"外侧框线"选项

再次选择表格第 2 行至第 10 行，在"表格工具-设计"选项卡"绘制边框"组的"笔画粗细"下拉菜单中选择"0.5 磅"选项。在"表格工具-设计"选项卡的"表格样式"组中单击"边框"按钮的下拉按钮▼，展开其下拉菜单，选择"内部竖框线"选项，则表格内部竖框线设置为 0.5 磅实线。

继续选择表格第 2 行至第 10 行，在"表格工具-设计"选项卡"绘制边框"组的"笔样式"下拉菜单中选择"短画虚线"选项，如图 5-58 所示。在"表格工具-设计"选项卡的"表格样式"组中单击"边框"按钮的下拉按钮▼，展开其下拉菜单，选择"内部横框线"选项，则表格内部横框线设置为 0.5 磅短画虚线。

华为 P10 Plus 手机参数表的最终效果如图 5-59 所示。

图 5-58　选择"短画虚线"选项

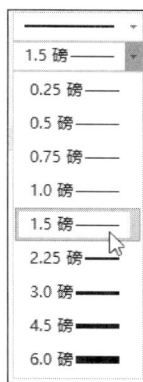

图 5-59　华为 P10 Plus 手机参数表的最终效果

2．表格的美化设计

（1）插入一个 2 行 3 列的表格

在演示文稿中添加 1 张幻灯片，在该幻灯片中插入一个 2 行 3 列的常规表格。

（2）初步设置 2 行 3 列的表格

将该表格的边框设置为 2.25 磅实线，将每列的宽度设置为 8.7 厘米。

选中表格的第 1 行，在"表格工具-设计"选项卡"表格样式"组中单击"底纹"按钮，展开其下拉菜单，在"主题颜色"区域选择"橙色,个性色 2，淡色 60%"选项，设置底纹颜色，如图 5-60 所示。

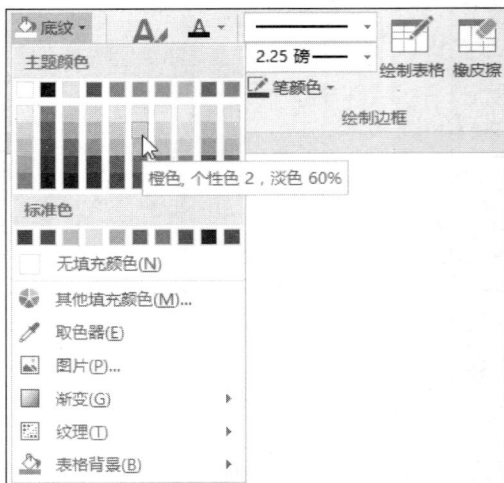

图 5-60　设置底纹颜色

在表格各个单元格中输入所需的文本内容，将第 2 行各个单元格的文本内容设置为项目列表，设置表格内文本的字体、字形、字号和对齐方式，2 行 3 列表格的外观效果如图 5-61 所示。

处理器	存储设备	显示屏
• CPU型号Intel 酷睿 i7-7500U • CPU主频2.7GHz • 最高睿频3.5GHz • 核心/线程数双核心/四线程 • 制程工艺14nm • 功耗15W	• 内存容量8GB（8GB×1） • 内存类型DDR4 2133MHz • 硬盘容量512GB • 硬盘描述固态硬盘 • 光驱类型无内置光驱	• 触控屏支持十点触控 • 屏幕尺寸13.9英寸 • 显示比例16:9 • 屏幕分辨率1920像素×1080像素 • 屏幕技术IPS广视角炫彩屏， 三边窄边框全高清IPS触控屏

图 5-61　2 行 3 列表格的外观效果

（3）表格中插入空列

在 2 行 3 列表格的第 1 列与第 2 列之间、第 2 列与第 3 列之间各插入 1 列，将新插入列的宽度设置为 0.6 厘米，这样，2 行 3 列表格就变成了 2 行 5 列表格。

将新插入列的两个单元格合并，选中合并后的单元格，在"表格工具-设计"选项卡"表格样式"组中单击"边框"按钮的下拉按钮 ▼ ，展开其下拉菜单，选择"上框线"选项，合并后的单元格的上框线即被取消，再选择"下框线"选项，合并后的单元格的下框线即被取消。

（4）设置表格单元格的凹凸效果

选中第 1 行第 1 个单元格，在"表格工具-设计"选项卡"表格样式"组中单击"效果"按钮，展开其下拉菜单，用鼠标指针指向"单元格凹凸效果"选项，在其级联菜单中选择"草皮"选项，设置表格单元格的凹凸效果，如图 5-62 所示。

以同样的方法将第 1 行的第 3 个和第 5 个单元格设置为草皮凹凸效果。

（5）设置表格的阴影效果

选择 2 行 5 列表格，在"表格工具-设计"选项卡"表格样式"组中单击"效果"按钮，展开其下拉菜单，用鼠标指针指向"阴影"选项，在其级联菜单的"外部"区域选择"居中偏移"选项，设置表格的阴影效果，如图 5-63 所示。

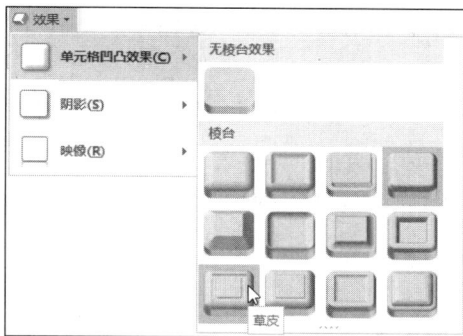

图 5-62　设置表格单元格的凹凸效果　　　　图 5-63　设置表格的阴影效果

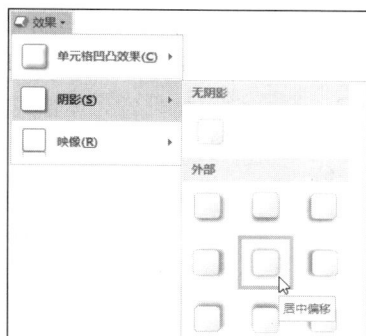

设置了单元格凹凸效果和表格阴影效果的表格外观效果如图 5-64 所示。

处理器	存储设备	显示屏
• CPU型号Intel 酷睿 i7-7500U • CPU主频2.7GHz • 最高睿频3.5GHz • 核心/线程数双核心/四线程 • 制程工艺14nm • 功耗15W	• 内存容量8GB（8GB×1） • 内存类型DDR4 2133MHz • 硬盘容量512GB • 硬盘描述固态硬盘 • 光驱类型无内置光驱	• 触控屏支持十点触控 • 屏幕尺寸13.9英寸 • 显示比例16:9 • 屏幕分辨率1920像素×1080像素 • 屏幕技术IPS广视角炫彩屏， 　三边窄边框全高清IPS触控屏

图 5-64　设置了单元格凹凸效果和表格阴影效果的表格外观效果

3．表格文字排版设计

（1）插入一个 3 行 2 列的表格

在演示文稿中添加 1 张幻灯片，在该幻灯片中插入一个 3 行 2 列的常规表格。在表格中输入所需的文本内容，设置文本的字体、字形、字号和颜色。

（2）设置表格框线和底纹

首先将表格所有框线设置为 2.25 磅灰色实线，然后将表格第 1 列底纹颜色设置为深红，最后将第 1 列所有框线设置为 2.25 磅白色实线。3 行 2 列表格的外观效果如图 5-65 所示。

处理器	• CPU型号Intel 酷睿 i7-7500U，CPU主频2.7GHz • 最高睿频3.5GHz • 核心/线程数双核心/四线程 • 制程工艺14nm，功耗15W
存储设备	• 内存容量8GB（8GB×1），内存类型DDR4 2133MHz • 硬盘容量512GB，硬盘描述固态硬盘 • 光驱类型无内置光驱
显示屏	• 触控屏支持十点触控 • 屏幕尺寸13.9英寸，显示比例16:9 • 屏幕分辨率1920像素×1080像素 • 屏幕技术IPS广视角炫彩屏，三边窄边框全高清IPS触控屏

图 5-65　3 行 2 列表格的外观效果

（3）插入行和列

在表格第 1 行与第 2 行之间、第 2 行与第 3 行之间各插入 1 行，在表格第 1 列与第 2 列之间插入 1 列，3 行 2 列表格变为 5 行 3 列。

（4）设置表格行高和列宽

将新插入的 2 行的字号设置为 1，行高设置为 0.33 厘米。将第 1 列的列宽设置为 5 厘米；将第 2 列的字号设置为 1，列宽设置为 0.6 厘米；将第 3 列的列宽设置为 16 厘米。

（5）设置表格单元格的框线

将新插入列所有单元格设置为无框线，新插入行只保留其第 2 列单元格的下框线，取消其他框线。5 行 3 列表格的外观效果如图 5-66 所示。

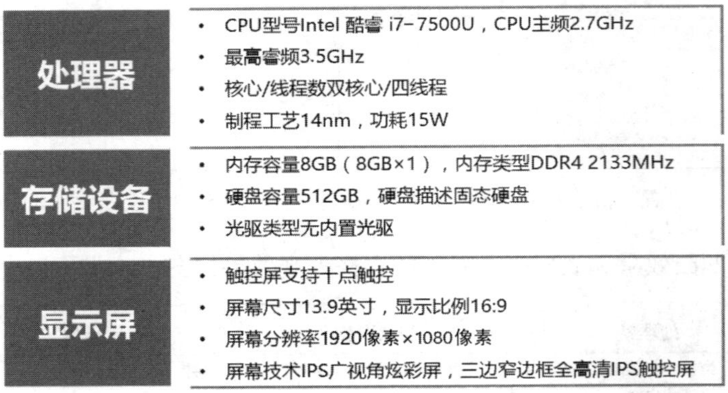

图 5-66　5 行 3 列表格的外观效果

4．使用表格实现栅格排版

（1）插入一个 4 行 3 列的表格

在演示文稿中添加 1 张幻灯片，在该幻灯片中插入一个 4 行 3 列的常规表格。

（2）设置表格框线

将表格第 2 行内部竖框线设置为 0.75 磅的深红色虚线，其他框线取消。

（3）合并单元格

将第 1 行 3 个单元格合并，然后输入文字"精品推荐"，将文字字体设置为微软雅黑，字号设置为 28，字形设置为加粗，文字颜色设置为深红，对齐方式设置为居中。

将第 3 行 3 个单元格合并，将字号设置为 1，行高设置为 0.33 厘米。

将第 4 行 3 个单元格合并，将行高设置为 4 厘米。

（4）插入图片和输入文字

在第 2 行各个单元格分别插入图片和输入文字，并将文字字体设置为微软雅黑，字号设置为 20，字形设置为加粗，对齐方式设置为居中。

在第 4 行合并单元格中插入图片。

使用表格实现栅格排版后的外观效果如图 5-67 所示。

图 5-67　使用表格实现栅格排版后的外观效果

5．使用表格设计幻灯片封面

（1）插入一个 4 行 4 列的表格

在演示文稿中添加 1 张幻灯片，在该幻灯片中插入一个 4 行 4 列的常规表格。

（2）对表格进行相关设置

将第 2 行的字号设置为 1，行高设置为 0.33 厘米。

将第 2 行第 1 个单元格的底纹颜色设置为红色。

（3）在表格中输入所需的文字

在表格第 1 行的第 1 个单元格中输入文字"摄影"，将字体设置为华康俪金黑，字号设置为 40，将该单元格对齐方式设置为水平居中和底端对齐。

在表格第 1 行的第 2 个单元格中输入文字"更专业的人像摄影"和"化繁，不为凡"，将字体设置为方正硬笔行书简体，字号设置为 20，将该单元格对齐方式设置为水平居中和底端对齐。

这里为了能看到表格线，将表格的所有框线宽度设置为 1 磅。4 行 4 列表格的外观效果如图 5-68 所示。

图 5-68　4 行 4 列表格的外观效果

（4）设置表格背景图片

选中 4 行 4 列表格，在"表格工具-设计"选项卡"表格样式"组中单击"底纹"按钮，展开其下拉菜单，将鼠标指针指向"表格背景"选项，在其级联菜单中选择"图片"选项，如图 5-69 所示。

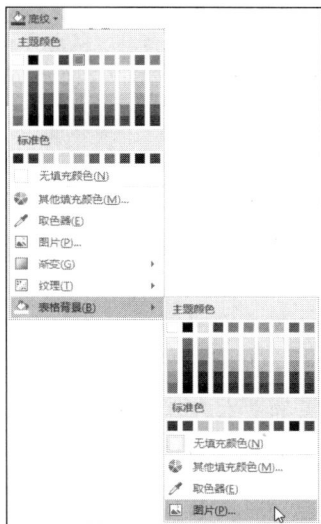

图 5-69　在"表格背景"级联菜单中选择"图片"选项

打开"插入图片"界面，在该界面中单击"浏览"按钮，如图 5-70 所示。

打开"插入图片"对话框，在该对话框中选择图片"华为 P10 5.jpg"，如图 5-71 所示，然后单击"插入"按钮，即可完成表格背景图片的设置。

图 5-70　在"插入图片"界面中单击"浏览"按钮

图 5-71　在"插入图片"对话框中选择图片

取消表格所有框线。设置了背景图片的表格外观效果如图 5-72 所示。

图 5-72　设置了背景图片的表格外观效果

6．使用表格设计幻灯片目录

（1）插入一个 6 行 5 列的表格

在演示文稿中添加 1 张幻灯片，在该幻灯片中插入一个 6 行 5 列的常规表格。

（2）合并单元格

将表格第 1 列上方的 3 个单元格、第 1 列下方的 3 个单元格、第 2 列上方的 3 个单元格、第 2 列下方的 3 个单元格、第 3 列所有单元格、第 4 列和第 5 列第 1 行的两个单元格分别合并。

（3）设置列宽和行高

将第 1 列和第 2 列的列宽设置为 4.88 厘米，将第 3 列的列宽设置为 1.5 厘米，将第 4 列的列宽设置为 3 厘米，将第 5 列的列宽根据内容进行适度调整。将所有行的行高设置为 1.63 厘米。

（4）输入文字与设置格式

将第 1 列上方的合并单元格底纹颜色设置为蓝色，个性色 1，将第 2 列下方的合并单元格底纹颜色设置为蓝色，个性色 1，淡色 80%。

在表格相应的单元格中输入所需的文本内容。将文字"目"和"录"的字体设置为方正硬笔行书简体，字号设置为 87，对齐方式设置为居中。将第 4 列数字序号的字体设置为 Algerian，字号设置为 36，将对齐方式分别设置为居中和底端对齐。将文字"HUAWEI P10 推荐"的字体设置为微软雅黑，字号设置为 28，对齐方式设置为居中和底端对齐。将其他文字的字体设置为方正硬笔行书简体，字号设置为 32，对齐方式分别设置为居中和底端对齐。将所有框线设置为 3.0 磅蓝色实线。保留全部表格框线的 6 行 5 列表格外观效果如图 5-73 所示。

只保留第 4、5 列下框线，取消其他框线。6 行 5 列表格最终外观效果如图 5-74 所示。

图 5-73　保留全部表格框线的 6 行 5 列表格外观效果

图 5-74　6 行 5 列表格最终外观效果

7．表格形状绘制设计

（1）插入一个 3 行 3 列的表格

在演示文稿中添加 1 张幻灯片，在该幻灯片中插入一个 3 行 3 列的常规表格。

（2）设置行高和列宽

将第 1、3 行的行高设置为 4 厘米，将第 2 行的行高设置为 2.5 厘米。将第 1、3 列的列宽设置为 7.2 厘米，将第 2 列的列宽设置为 2.5 厘米。

（3）设置框线

将第 2 行第 1 个和第 3 个单元格的上下框线、第 2 列第 1 个和第 3 个单元格的左右框线设置为 2.25 磅红色实线，将其他框线取消。设置完成后形成十字形外观，如图 5-75 所示。

将第 1 列第 3 个单元格和第 2 列第 2 个单元格的下框线和右框线、第 3 列第 1 个单元格下框线设置为 2.25 磅红色实线，将其他框线取消。设置完成后形成阶梯形外观，如图 5-76 所示。

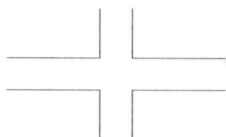

图 5-75　十字形外观

图 5-76　阶梯形外观

（4）插入一个 2 行 4 列的表格

在演示文稿中添加 1 张幻灯片，在该幻灯片中插入一个 2 行 4 列的常规表格。

（5）设置行高和列宽

将第 1、2 行的行高设置为 1.42 厘米。将第 1 列的列宽设置为 4.3 厘米，第 2、3 列的列宽设置为 0.9 厘米，第 4 列的列宽设置为 8.4 厘米。

（6）合并单元格

将第 1 列的 2 个单元格和第 4 列的 2 个单元格分别予以合并。

（7）设置框线

将第 1 列合并单元格的左、上、下框线，第 4 列合并单元格的右、上、下框线，第 3 列第 1 个单元格的上框线和第 3 列第 2 个单元格的下框线设置为 2.25 磅红色实线。

为第 1 行的第 2、3 个单元格添加斜下框线，为第 2 行的第 2、3 个单元格添加斜上框线，且将其设置为 2.25 磅红色实线，将其他框线取消。

设置完成后形成箭头形外观，如图 5-77 所示。

图 5-77　箭头形外观

【考核评价】

【技能测试】

【测试 5–1】制作演示文稿"自我推荐.pptx"

参考文件夹"模块 5"中的演示文稿"自我推荐 1.pptx"制作本人的"自我推荐.pptx"演示文稿，该演示文稿的制作要求如下。

① 内容包括"个人基本信息""自我评价""教育培训经历""获奖与证书""项目开发经历""专业技能与专业特长""我的作品"等项目。

② "个人基本信息"的内容以表格的形式呈现。

③ 在"教育培训经历"页插入至少 6 张所在学院或培训机构的图片。

④ 在"我的作品"页插入本人主持或参与设计或开发的项目的主要界面的图片。

⑤ 更换幻灯片母版中的背景，在幻灯片母版的右下角插入"前进"与"后退"的动作按钮，另外插入一个用于返回"目录"的空白动作按钮。

⑥ 将"目录"页各项目录内容链接到对应的幻灯片，且在每个幻灯片中都设置"返回"按钮。

⑦ 将"自我评价"页的标题链接到同一文件夹中的 Word 文档"自荐书.doc"。

⑧ 在"我的作品"页插入 1 个自选图形，然后插入 1 个文本框，在该文本框中输入文字"旅游网站的页面"，再与自选图形进行组合，将这一组合对象链接到同一个文件夹的网页文件"旅游网站页面.html"。

⑨ 根据需要在幻灯片中插入艺术字作为标题。

⑩ 根据需要合理设置各个幻灯片中对象的动画效果。

⑪ 根据需要合理设置各个幻灯片的切换效果。

⑫ 对幻灯片进行页面设置，并预览其效果。

⑬ 设置幻灯片的放映方式，然后播放幻灯片，观察幻灯片中对象的动画效果和幻灯片的切换效果，并进行排练计时。

⑭ 将演示文稿"自我推荐.pptx"压缩并保存在文件夹"模块 5"中。

【测试 5–2】创建展示九寨沟美景的演示文稿"九寨沟美景.pptx"

创建演示文稿"九寨沟美景.pptx"，展示九寨沟的美景。该演示文稿内容包括 9 张幻灯片。前 8 张幻灯片中待插入的标题文字、图片名称、景色介绍文字，见表 5-1。第 9 张幻灯片用于致谢（表 5-1 中没有展示）。

表 5-1 待插入的标题文字、图片名称、景色介绍文字

幻灯片序号	标题文字	图片名称	景色介绍文字
1	圣洁天堂	011、012	去过九寨沟的人，没有一个会否认它的超凡魅力。如果世界上真有仙境，那肯定就是九寨沟。这是一个佳景荟萃、神奇莫测的旷世胜地，一个不见纤尘、自然纯净的"圣洁天堂"
2	水中倒影如梦似幻	021、022	无风的静海，仿佛化身一块明晃晃的镜子，将天空树木全部毫不失真地复制下来。缥缈的云雾倒影、午后的苍翠山林，亦幻亦真，人走在其中，仿若误入仙境，分不清哪里是天，哪里是海
3	疯狂色彩绚丽璀璨	031、032	五彩池的魅力在于同一水域却呈现出鹅黄、墨绿、深蓝、藏青等色，彼此紧挨，却又泾渭分明。大自然妙笔涂抹的色彩，永远是那么大胆、强烈而又富于变幻，令人惊叹
4	群山拥抱勾起回忆	041、042	树正群海镶嵌在深山幽谷之中，由绿色的湖水、银色的小瀑布相连，就像给树正寨戴上了一条美丽的翡翠项链。古老的水磨房、清幽的栈道，仿佛是在倾诉着藏民昨日的历史
5	色彩琉璃变幻无穷	051、052	五彩池作为九寨沟湖泊中的精粹，无数的颜色在她怀里尽情发酵，有的蔚蓝，有的浅绿，有的绛黄，有的粉蓝，好似打翻了的染色盘，美得那么肆无忌惮、随意豪放
6	美人卷帘沉醉其中	061、062	珍珠滩水流湍急且翻着白浪，沿着山体突然下陷，便一下子温柔起来，构成一个落差各异的水帘，像珍珠四溢飞溅，滴滴串起那些濒临破碎的梦，绚烂夺目
7	不期然遇见的惊喜	071、072	难得撞见出来觅食的小松鼠，或上蹿下跳身轻如燕，或站在路边与游客对视，不怕生，不怯场，憨态可掬又灵性十足，是九寨沟顽皮的小精灵
8	郁郁葱葱水满山林	081、082	让我们暂时告别都市的喧嚣，躲进这圣洁天堂去"虚度"一段光阴。四顾皆仙界，一步一徘徊，挥手暂相别，相约又重来

【习题】

1. PowerPoint 演示文稿的默认文件扩展名是（   ）。

   A．.pptx   B．.dbf   C．.dotx   D．.ppz

2. 在 PowerPoint 2016 中，若想同时查看多张幻灯片，应选择（   ）视图。

   A．备注页   B．大纲   C．幻灯片   D．幻灯片浏览

3. （   ）是 PowerPoint 2016 所没有的。

   A．大纲视图   B．备注页视图   C．幻灯片放映视图   D．普通视图

4. 大纲视图中只显示演示文稿的（   ）内容。

   A．备注幻灯片   B．图片   C．幻灯片   D．文本

5. 在 PowerPoint 2016 中，默认的新建文件名是（   ）。

   A．Sheet1   B．演示文稿 1   C．Book1   D．新文件 1

6. 在 PowerPoint 2016 中，若想设置幻灯片中对象的动画效果，则应选择（   ）视图。

   A．普通   B．幻灯片浏览   C．大纲   D．以上均可

7. 在 PowerPoint 2016 的（   ）下，可用鼠标拖曳的方法改变幻灯片的顺序。

   A．备注页视图   B．大纲视图

   C．阅读视图   D．幻灯片浏览视图

8. 在 PowerPoint 2016 编辑状态下，在（　　　）视图中可以对幻灯片进行移动、复制、排序等操作。

    A. 普通　　　　　　　　　B. 幻灯片浏览　　　　　C. 大纲　　　　　　　　D. 备注页

9. 在演示文稿中新增一张幻灯片的方法是（　　　）。

    A. 单击"开始"选项卡"幻灯片"组中的"新幻灯片"按钮

    B. 单击"插入"选项卡"幻灯片"组中的"新幻灯片"按钮

    C. 单击"设计"选项卡"幻灯片"组中的"新幻灯片"按钮

    D. 单击"视图"选项卡"幻灯片"组中的"新幻灯片"按钮

10. PowerPoint 文档不可以保存为（　　　）文件。

    A. 演示文稿　　　　　　　B. 文稿模板　　　　　　　C. Web 页　　　　　　　D. 纯文本

11. 当幻灯片中插入了音频后，幻灯片中将出现（　　　）。

    A. 喇叭标记　　　　　　　　　　　　　　　B. 链接按钮

    C. 文字说明　　　　　　　　　　　　　　　D. 链接说明

12. 在"空白幻灯片"中不可以直接插入（　　　）对象。

    A. 文本框　　　　　　　　B. 图片　　　　　　　　　C. 文本　　　　　　　　D. 艺术字

13. 在 PowerPoint 2016 中，要同时选定多个图形，可以先按住（　　　）键，再单击要选定的图形。

    A. "Shift"　　　　　　　B. "Tab"　　　　　　　　C. "Alt"　　　　　　　D. "Ctrl"

14. 在 PowerPoint 2016 的大纲视图中，不能进行的操作是（　　　）。

    A. 调整幻灯片的顺序　　　　　　　　　　　B. 编辑幻灯片中的文字和标题

    C. 设置文字和段落格式　　　　　　　　　　D. 删除幻灯片中的图片

15. 要同时选择第 1、3、5 这 3 张幻灯片，应该在（　　　）视图下操作。

    A. 普通　　　　　　　　　B. 大纲　　　　　　　　　C. 幻灯片浏览　　　　　D. 以上均可

16. 在幻灯片浏览视图中，以下叙述错误的是（　　　）。

    A. 在按住"Shift"键的同时单击幻灯片，可选择多个相邻的幻灯片

    B. 在按住"Shift"键的同时单击幻灯片，可选择多个不相邻的幻灯片

    C. 可同时为选中的多个幻灯片设置幻灯片切换效果

    D. 可同时将选中的多个幻灯片隐藏起来

17. 在选择了某种版式的新建的空白幻灯片上，可以看到一些带有提示信息的虚线框，这是为标题、文本、图表、剪贴画等内容预留的位置，称为（　　　）。

    A. 版式　　　　　　　　　B. 模板　　　　　　　　　C. 方案　　　　　　　　D. 占位符

18. 要改变幻灯片的顺序，可以切换到幻灯片浏览视图，选定（　　　）将其拖曳到新的位置。

    A. 文件　　　　　　　　　B. 幻灯片　　　　　　　　C. 图片　　　　　　　　D. 模板

19. 要为所有幻灯片设置统一的、特有的外观风格，应使用（　　　）。

    A. 母版　　　　　　　　　　　　　　　　　B. 配色方案

    C. 自动版式　　　　　　　　　　　　　　　D. 幻灯片切换

20. 下列有关幻灯片页面版式的描述，错误的是（　　　）。

    A. 幻灯片应用的模板一旦选定，就不可以更改

    B. 幻灯片的大小尺寸可以更改

    C. 一个演示文稿中只允许使用一种母版格式

    D. 一个演示文稿中不同幻灯片的配色方案可以不同

21. 演示文稿中的每张幻灯片都是基于某种（　　　）创建的，它预定义了新建幻灯片的各种占位符的布局情况。

    A. 模板　　　　　　　B. 模型　　　　　　　C. 视图　　　　　　　D. 版式

22. 为创建一些内容与格式相同或相近的幻灯片，可以使用 PowerPoint 2016 的（　　　）功能。

    A. 模板　　　　　　　B. 插入域　　　　　　　C. 样式　　　　　　　D. 插入对象

23. "母版"就是一种特殊的幻灯片，包含幻灯片文本和页脚（如日期、时间和幻灯片编号）等占位符，这些占位符控制了幻灯片的（　　　）、阴影和项目符号样式等版式要素。

    A. 文本　　　　　　　　　　　　　　B. 图片

    C. 字体、字号、颜色　　　　　　　　D. 插入对象

24. 如果要终止幻灯片的放映，可直接按（　　　）键。

    A. "Ctrl + C"组合　　B. "Esc"　　　　C. "Alt + F4"组合　　D. "End"

25. 在 PowerPoint 文档中插入的超链接，可以链接到（　　　）。

    A. Internet 上的 Web 页　　　　　　B. 电子邮件地址

    C. 本地磁盘上的文件　　　　　　　　D. 以上均可以

26. 在幻灯片的"操作设置"对话框中设置的超链接，其对象不可以是（　　　）。

    A. 下一张幻灯片　　　　　　　　　　B. 上一张幻灯片

    C. 其他演示文稿　　　　　　　　　　D. 幻灯片中的某一对象

27. PowerPoint 2016 对象的超链接功能可以把对象链接到其他（　　　）上。

    A. 图片　　　　　　　　　　　　　　B. 幻灯片、文件或程序

    C. 文字　　　　　　　　　　　　　　D. 以上均可

28. 要在选定的幻灯片版式中输入文字，可以（　　　）。

    A. 直接输入文字

    B. 先单击占位符，然后输入文字

    C. 先删除占位符中系统显示的文字，然后输入文字

    D. 先删除占位符，然后输入文字

29. 在演示文稿中，在插入超链接时所链接的目标不能是（　　　）。

    A. 另一个演示文稿　　　　　　　　　B. 同一演示文稿的某一张幻灯片

    C. 其他应用程序的文档　　　　　　　D. 幻灯片中的某个对象

30. 在下列各项中，（　　　）不能控制幻灯片外观一致。

    A. 母版　　　　　　　B. 模板　　　　　　　C. 背景　　　　　　　D. 普通视图

31. 在幻灯片母版中插入的对象，只能在（　　　）中修改。

    A. 普通视图　　　　　B. 幻灯片母版　　　　C. 讲义母版　　　　　D. 大纲视图

32. 在空白幻灯片中不可以直接插入（　　　）。

    A. 文本框　　　　　　B. 文字　　　　　　　C. 艺术字　　　　　　D. Word 表格

33. 幻灯片内的动画效果，可以通过（　　　）选项卡进行设置。

    A. "设计"　　　　　　B. "动画"　　　　　　C. "幻灯片放映"　　　　D. "视图"

应用互联网技术与认识新一代信息技术

【提升训练】

【训练 6-1】通过招聘网站制作并发送求职简历

【训练描述】

通过招聘网站制作并发送求职简历。

【训练实施】

① 准备一份电子版的个人简历。

② 在智联招聘网或者前程无忧人才招聘网注册为合法用户。

③ 注册成功后登录网站，进入简历管理中心，创建新的个人简历，或者修改、完善已创建的简历。

④ 个人简历修改、完善后，通过智联招聘网或前程无忧人才招聘网外发简历或委托投递简历。

扫码观看
本任务视频

【训练 6-2】分析云计算在智能电网中的应用

【训练描述】

云计算作为新一代信息技术产业的重要领域之一，在智能电网中具有广阔的应用空间，在电网建设、运行管理、安全接入、实时监测、海量存储、智能分析等方面能够发挥巨大作用，全方位应用于智能电网的发电、输电、变电、配电、用电和调度等各个环节。

试探讨电力行业与云计算结合的可行性，分析云计算在智能电网中的应用。

【训练实施】

1. 电力行业与云计算结合的可行性

云计算将原本分散的资源聚集起来，再以服务的形式提供给受众，实现集团化运作、集约化发展、精益化管理、标准化建设。电力行业的应用特点非常符合云计算的服务模式和技术模式。

智能电网、物联网（Internet of Things，IoT）的建设会带来对海量数据高可靠性的存储要求和处理要求。智能电网会产生海量数据，例如，每家每户都有电表，每个电表要采集的数据都要比以前多出很多，可能每 5 分钟就会采集一组数据，因此，电表的数据采集量非常大。对电网来说，它的变电、输电、发电等各个环节，都需要监控数据的采集。所有这些数据，如果要进行存储，并进行数据挖掘和分析，就必须依靠强大的云计算来作为底层支撑。

因此，在智能电网技术领域引入云计算，能够在保证现有电力系统硬件基础设施基本不变的情况下，对当前系统的数据资源和处理器资源进行整合，从而大幅度提高智能电网实时控制和进行高级分析的能力，为智能电网技术的发展提供有力的支持。采用云计算，不仅可以实现电力行业内的数据采集和共享，进而实现数据挖掘，提供商业智能（Business Intelligence，BI），辅助决策分析，促进生产业务协调发展，还可以帮助电网公司将数据转换为服务，提升服务价值，实现基于神经网络的信息融合。

云计算与电力行业的结合既避免了云计算技术的公共不安全性，又符合电网公司等大型电力企业的建设需求。因此，将云计算引入电力系统，在现有电力内网的基础上构建电力云是一种需求，也是一种趋势。

2. 云计算在智能电网中的应用

将云计算技术引入电网数据中心，可以显著提高设备利用率，降低数据处理中心的能耗，扭转服务器资源利用率偏低与信息壁垒问题，全面提升智能电网环境下海量数据处理的效能、效率和效益。

在风力发电、太阳能发电等新能源发电领域，云计算可以为存储密集型和计算密集型应用系统提供相应的解决方案，同时，突破传统的负荷检测方法，引导企业自主进行绿色用电认购，合理利用能源。此外，电网调度可以通过云计算提供的统一访问服务接口，实现数据搜索、获取、计算等功能。

随着智能电网规模的扩大，输变电设备运行信息量剧增。而输变电设备的评估需要综合分析当前设备运行状态后才能给出可靠评价，这对数据的存储和计算提出了更高的处理要求。应用云计算技术，可为输变电设备评估提供分布式数据存储和计算服务，扩展数据存储空间，提升数据处理性能和计算性能。

配网管理涉及电网空间分布和设备运行状态变化等复杂问题，地理空间信息和电力生产信息相互集成的综合应用系统是支持智能化配网管理的基本手段。将地图信息、文字信息、图形信息、图表信息融于一体的地理信息系统（Geographic Information System，GIS）需要存储海量数据并进行大量计算，云计算技术能很好地解决海量数据存储和计算时面临的技术难点及性能瓶颈。

云计算技术利用分布式文件、分布式数据库等应用存储电网模型和运行数据，并通过并行及分布式计算，加工电网模型和运行数据等，为电网规划、调度提供快速可靠的数据支持。同时，云计算还可以应用于网损计算、安全分析、稳定计算等方面。

随着智能电网发展的逐步深入，电网与客户间的密切交互也会产生海量数据，基于云计算技术的能效管理系统，能够高效地将客户用电数据进行存储、处理和分析。有了"云"这个资源池，智能电网环境下的用电信息将得以有效存储，电力信息交互系统也将得以高效运行。

【训练 6-3】分析大数据的典型应用案例

【训练描述】

如何预知各种天文奇观，如何指导风力发电厂和想开实体店的创业者进行选址，如何才能准确预测气象灾害并对其进行预警，以及在未来的城镇化发展过程中如何打造智能城市等一系列问题的背后，其实都隐藏着大数据的身影——不仅彰显着大数据的巨大价值，还直观地体现出大数据在各行业的广泛应用。

大数据的应用范围越来越广，涉及生活的许多方面，试列举出大数据的典型应用案例。

【训练实施】

大数据时代出现的原因简单总结就是强大的计算能力同海量数据结合的结果，确切地说是来自移动互联网、物联网的海量数据。大数据技术很好地解决了海量数据的收集、存储、计算、分析的问题。

1．医疗大数据　看病更高效

除了较早就开始应用大数据的互联网公司，医疗行业是让大数据分析最先发挥作用的传统行业之一。医疗行业拥有大量的病例、病理报告、治愈方案、药物报告等数据。如果这些数据可以被整理和应用，那么将会极大地帮助医生和病人。我们面对着数目和种类众多的病菌、病毒及肿瘤细胞等，它们都在不断地进化，因此在病人的治疗过程中，疾病的确诊和治疗方案的确定是最困难的。

在未来，借助大数据平台我们可以收集不同病例和治疗方案，以及病人的基本特征，可以建立针对疾病特点的数据库。如果未来基因技术发展成熟，可以根据病人的基因序列特点进行分类，建立医疗行业的病人分类数据库。医生诊断病人所得疾病时，可以参考病人的疾病特征、化验报告和检测报告，并参考疾病数据库来快速帮助病人确诊，准确定位病灶。在制订治疗方案时，医生可以依据病人的基因特点，调取与病人基因、年龄、身体情况相似的有效治疗方案，制订出适合病人的治疗方案，帮助更多病人进行及时治疗。同时，这些数据也有利于医药行业开发出更加有效的药物和先进的医疗器械。

2．生物大数据　基因分析

当下，我们所说的生物大数据主要是指大数据在基因分析上的应用。通过大数据平台人类可以将自身和其他生物体基因分析的结果进行记录和存储，建立基于大数据的基因数据库。大数据将会加速基因技术的研究，快速帮助科学家们进行模型的建立和基因组合的模拟计算。借助于大数据技术，人们将会加快对自身基因和其他生物基因的研究进程。

3．金融大数据　理财利器

大数据在金融行业应用范围较广，典型的案例有银行对客户刷卡、存取款、电子银行转账、微信评论等行为数据进行分析后，定期为客户发送针对性的广告信息，其中包含客户可能感兴趣的产品和优惠信息等。

大数据在金融行业的应用可以总结为以下 5 个方面。

① 精准营销：依据客户消费习惯、地理位置、消费时间进行精准营销。

② 风险管控：依据客户消费和现金流提供信用评级或融资支持，利用客户社交行为记录实施信用卡反欺诈。

③ 决策支持：利用决策树技术进行抵押贷款管理，利用数据分析报告实施产业信贷风险控制。

④ 效率提升：利用金融行业全局数据了解业务运营薄弱点，利用大数据加快内部数据处理速度。

⑤ 产品设计：利用大数据为客户推荐产品，利用客户行为数据设计满足客户需求的金融产品。

4．零售大数据　个性推荐

零售行业的大数据应用有两个层面，一个层面是零售行业可以了解消费者消费喜好和趋势，进行商品的精准营销，降低营销成本；另一个层面是依据消费者已购买的产品，为消费者推荐可能购买的其他产品，扩大销售面。另外零售行业可以通过大数据预测未来消费趋势，有利于管理热销商品的进货和处理过季商品。零售行业的数据对于产品生产厂家也是非常宝贵的，零售商的数据与信息将有助于资源的有效利用，产品生产厂家依据零售商的数据与信息按实际需求进行生产，可以减少不必要的生产浪费，避免产能过剩。

5．电商大数据　精准营销

电商也是最早利用大数据进行精准营销的行业，除了精准营销，电商还可以依据客户消费习惯来提前为客户备货，并利用便利店作为货物中转点，在客户下单后迅速将货物送上门，提高客户体验感。

由于电商的数据较为集中，数据量较大，数据种类较多，因此未来电商大数据将会有更多的应用场景，包括流行趋势、消费趋势的预测，地域消费特点、客户消费习惯、各种消费行为的相关度、消费热点、影响消费的重要因素的分析等。依托大数据技术，电商的消费报告将有利于品牌公司的产品设计、生产企业的库存管理和生产计划的制定、物流企业的资源配置、生产资料提供方的产能安排等，有利于精细化生产。

6．农业大数据　量化生产

大数据在农业方面的应用主要是指依据对未来商业需求的预测结果来安排农产品生产，降低"菜贱伤农"的概率。借助于大数据提供的消费趋势报告和消费习惯报告，政府将为农业生产提供合理引导，农民可按需生产，避免产能过剩，造成不必要的资源和社会财富浪费。同时，对相关气象数据进行分析能更加精确地预测未来的天气和气候，帮助农民做好自然灾害的预防工作。大数据同时也会帮助农民依据消费者消费习惯来决定增加或减少哪些农作物品种的种植，提高单位种植面积的产值，同时有助于快速销售农产品，完成资金回流。牧民可以通过大数据分析来安排放牧范围，有效利用牧场；渔民可以利用大数据安排休渔期、明确捕鱼范围等。

7．交通大数据　畅通出行

交通作为人类行为的重要组成之一，对于大数据的感知也是很敏锐的。目前，交通中的大数据技术主要应用在两个方面：一方面是利用大数据传感器来了解车流密度，合理进行道路规划，包括单行线路规划；另一方面是利用大数据来实现即时信号灯调度，提高已有线路运行能力。科学的信号灯安排是一个复杂的系统工程，必须利用大数据计算平台计算并设计出一个较为合理的方案。科学的信号灯安排将会提高约 30% 已有道路的通行能力。机场利用大数据可以提高航班管理的效率，航空公司利用大数据可以提高客座率，降低运行成本。铁路公司利用大数据可以有效安排客运和货运列车，提高效率、降低成本。

8. 教育大数据　因材施教

在课堂上，大数据不仅可以帮助改善教学，在重要教育决策制定和教育改革方面，大数据也有用武之地。大数据还可以帮助家长和教师甄别出不同学生的学习差距，找出有效的学习方法。例如，某公司开发出了一种预测评估工具，帮助学生评估他们已有的知识，和对这些知识的掌握程度与达标测验所需程度的差距，进而指出学生有待提高的地方。评估工具可以帮助教师跟踪学生学习情况，从而找到学生的学习特点和适合的学习方法。有些学生适合按部就班的线性学习，有些则更适合图式信息和整合信息的非线性学习。这些都可以通过大数据搜集和分析很快识别出来，从而为教育教学提供坚实的依据。

通过大数据的分析可以优化教育机制，并做出更科学的决策，这将带来潜在的教育革命。不久的将来，个性化学习终端将会更多地融入学习资源云平台，根据每个学生的不同兴趣爱好和特长，推送相关领域的前沿技术、资讯、资源乃至未来职业发展方向等内容，并贯穿每个人终身学习的全过程。

9. 体育大数据　夺冠精灵

大数据对于体育领域的影响可以说是方方面面的。从运动员本身来讲，可穿戴设备收集的数据可以让运动员更了解自己的身体状况。媒体评论员通过大数据提供的数据可以更好地解说比赛、分析比赛。有教练表示："在球场上，比赛的输赢取决于比赛策略和战术，以及赛场上连续对打期间选手的快速反应和决策，但这些细节转瞬即逝，所以数据分析成为一场比赛最关键的部分。对于那些利用大数据进行决策的选手而言，他们毋庸置疑地将获得足够的竞争优势。"

10. 气象大数据　对抗自然灾害

借助于大数据，天气预报的及时性、准确性和实效性将会大大提高。同时，对于重大自然灾害，如龙卷风等，通过大数据计算平台，人们将会更加精确地了解其运动轨迹和危害等级，有利于帮助人们提高应对自然灾害的能力。而且，天气预报准确度的提升和预测周期的延长将会有利于农业生产的安排。

11. 食品大数据　舌尖上的安全

随着科学技术和生活水平的不断提高，食品添加剂的种类也越来越多，传统手段难以满足当前复杂的食品监管需求。从不断出现的食品安全问题来看，食品监管成了保障食品安全的关键环节。通过大数据技术将海量数据聚合在一起，将离散的数据需求聚合形成数据长尾，从而满足传统食品监管中难以实现的需求。在数据驱动下，采集人们在互联网上提供的举报信息，国家可以掌握部分乡村和城市的死角信息，提高执法透明度，降低执法成本。国家可以参考医院提供的就诊信息，分析出涉及食品安全的信息，及时进行监督和检查，第一时间进行处理，降低已有不安全食品带来的危害，还可以参考个体用户在互联网的搜索信息，掌握流行疾病在某些区域和季节的爆发趋势，及时进行干预，降低其流行危害。依据大数据分析的结果，国家可以提供不安全食品厂商信息和不安全食品信息等，帮助人们提高食品安全意识。

当然，食品安全涉及从田间地头到餐桌的每一个环节，需要覆盖全过程的动态监测才能保障食品安全。以稻米生产为例，产地、品种、土壤、水质、病虫害发生、农药种类与数量、化肥、收获、储藏、加工、运输、销售等方面产生的问题，无一不影响稻米的安全状况，通过收集、分析各方面的数据，可以预测某产地将收获的稻谷或生产的稻米是否存在安全隐患。

大数据不仅能产生商业价值，亦能产生社会价值。随着信息技术的发展，食品监管也面临着各种类型的海量数据，如何从中提取有效数据成为其关键所在。可见，应用大数据进行食品监管是一项巨大挑战，一方面要及时提取数据以满足食品安全监管需求，另一方面需在数据的潜在价值与个人隐私之间进行平衡。我们相信大数据在食品监管方面的应用，可以为食品安全撑起一把有力的保护伞。

12．政府调控和财政支出　大数据令其有条不紊

政府利用大数据可以了解各地区的经济发展情况、各产业发展情况、消费支出和产品销售情况，依据数据分析结果，科学地制定宏观政策，平衡各产业发展，避免产能过剩，有效利用自然资源和社会资源，提高社会生产效率。大数据还可以帮助政府管理自然资源，如国土资源、水资源、矿产资源、能源等的管理，通过各种传感器来提高管理的精准度。同时大数据也能帮助政府进行支出管理，透明合理的财政支出将有利于提高政府公信力，对政府财政支出进行有效监督。

大数据带给政府的不只是效率提升、科学决策、精细管理，更重要的是数据治国、科学管理的意识，未来，大数据将会从各个方面帮助政府实施高效和精细化管理。政府运作效率的提升、决策的科学客观、财政支出的合理透明都将大大提升国家整体实力，成为国家竞争优势。

【训练 6-4】分析人工智能在物流领域的综合应用

【训练描述】

从行业作业性质看，人工智能（Artificial Intelligence，AI）在物流领域应用前景可观，物流领域首先有丰富的场景，其次有大量重复的劳动，再次物流作业的高效离不开数据规划与决策，而这些因素正和人工智能应用相匹配。在物流领域，人工智能究竟有哪些落地场景？试对人工智能在物流领域各环节的综合应用进行分析。

【训练实施】

1．表单处理

物流领域有许多表单、文档数据，人工智能技术中的计算机视觉和深度学习就可以在这一场景中应用。

如腾讯云的光学字符识别（Optical Character Recognition，OCR）技术，通过计算机视觉结构化功能识别表单内容，能够快速、便捷地完成纸质报表单据的电子化，大幅避免人工输单；对文档扫描件或者图片中的印章进行位置检测和内容提取，实现自动化一致性比对；手写文字识别技术可以精准识别出手写的文字、数字、证件号码、日期等，实现带有手写文字的扫描件或图片的数字化处理。

以中国外运股份有限公司的北京奔驰汽车进口报关业务为例，因为汽车零部件的单据非常复杂，一个零部件涉及的单据可能有 100 多页，以往一页一页地录入，4 个人要花一周时间，应用了人工智能技术后，一个人花 40 分钟就可以解决，且准确率极高。

2．园区管理

表单处理完，货物就会进入园区。随着物联网等技术的应用，人工智能在园区管理上同样可以发挥重要作用，如监测、采集园区内车辆信息，提供车辆装载率、车辆调度、运力监测和场地人员能效等基础数据，优化运力成本；再如可以对人员工作情况进行管理，规避员工进行不规范的甚至危险的操作。

2018年，菜鸟网络科技有限公司曾宣布全面启动物流物联网战略，并向全行业发布了全球首个基于物流物联网的"未来园区"。这是物联网、边缘计算和人工智能等前沿技术第一次在物流领域的大规模集中应用，"未来园区"可以识别每一块烟头、监控每一个井盖，实时保障园区安全、高效运转。

2019年，京东物流披露，其已建成的5G智能园区，通过"5G+高清摄像头"，不仅可以实现人员的定位管理，还可以实时感知仓内生产区的拥挤程度，及时进行资源优化调度；5G与物联网的结合，可以帮助对园区内的人员、资源、设备进行管理与协同；5G还可以帮助园区智能识别车辆，并智能导引货车前往系统推荐的月台进行作业，让园区内的车辆运行更加高效有序。这中间同样以人工智能技术为底层依托。

3．搬运

货物从园区进入仓内，其中必然要发生的一个动作就是搬运。"货物识别+机器人"与自动化分拣则可大大降低人类的劳动量。例如，自主移动机器人（Autonomous Mobile Robot，AMR）是目前发展较快和应用较多的设备，与传统自动导引车（Automated Guided Vehicle，AGV）不同的是，AMR的运行不需要地面二维码、磁条等预设装置，即时定位与地图构建（Simultaneous Localization And Mapping，SLAM）系统定位导航为其装上了"一双眼睛"，让其可以完成高效的搬运和拣货作业。

以AMR商业化项目落地领先的灵动科技为例，其率先将计算机视觉技术与多传感器输入技术相结合，让机器人实现了真正的视觉自主导航。据说，灵动视觉AMR能够帮助企业实现人工效率提升2倍以上、拣货成本下降超过30%的"降本增效"效果。

4．装卸与装载

2019年，顺丰速运有限公司对外发布的"慧眼神瞳"一度备受关注，这也是顺丰科技人工智能计算机视觉成果在业务场景的落地突破。简单地说，"慧眼神瞳"就是利用各种视频和图像进行自动化分析的人工智能系统。例如，在中转场的装卸口环节中，将摄像机部署在装卸口，通过识别车牌并分析车辆装载率、人员工作能效等基础数据，就可以刻画出装卸口作业场景的完整生产要素，将所有作业数据线上化，持续优化各项运营成本，优化运转效率。

同样，与华为云合作的德邦快递，也有对类似技术的应用。例如，可以通过人工智能来监控快递分拣的场地、场景，抓取员工搬运货物不规范的情况，从而让业务员或者理货员操作的规范程度大大提高。

如果说上述场景的应用是在"助人"，无人叉车的应用则是在"替人"。2018年，首款无人叉车应用于德邦快递浦东分拨中心，改进后的无人叉车采用"无人叉车+智能托盘+多层货架+JDS（调度系统）+LMS（库位管理系统）"的形式进行实地操作、多机调度、多车协同，同时通过射频识别（Radio Frequency Identification，RFID）及传感器等进行智能路径规划，经测试，新解决方案可使仓内成本下降约30%，毛利润增加约7%。

除了安全，运输的另外一个关注点在于如何提高装载率，即如何能装更多的货物。基于大数据积累和 AI 深度学习算法，北京汇通天下物联科技有限公司（G7 公司）的数字货舱可以实时感知货物量方，自动记录"量方"变化曲线，时刻知晓装载率。通过 AI 摄像头和高精度传感器对厢内货物进行图像三维建模，可保证货物运输状态全程可视化，并智能管控装车过程和装车进度。

5. 库存盘点

库存盘点也是仓储管理的重要一环。如何保证盘点的准确高效？人工智能同样可以提供助力。一汽物流公司就与百度云合作，运用无人机航拍取代人工盘点。简单来说，所谓无人机取代人工，就是无人机通过获取图像数据，基于视觉识别技术模型进行自动分析，并快速识别子库区及库内汽车数量、汽车所在的车位号，与库存系统进行实时比对，如果实际数量与库存数量不吻合，将对异常数据进行警示，实现库存自动盘点。经过多次的数据训练，可将无人机识别准确率提升至接近 100%。

此外，无人机还有报警、提示等功能，当实拍图与从整车仓储定位控制系统（Location of Vehicle Control System，LVCS）获取车辆位置信息形成的图示有差异时，将会第一时间提示工作人员，查漏补缺，避免产生重大损失。

6. 仓储系统

在仓内投入大量的机器人等设备，就需要一个系统进行管理。旷视科技公司推出的人工智能物联网（Artificial Intelligence & Internet of Things，AIoT）操作系统——"河图"（HETU），据介绍是旷视科技推出的首个智能机器人网络协同操作系统，它是一套致力于机器人与物流、制造业务快速集成、一站式解决规划、仿真、实施、运营全流程的操作系统。河图与机器人硬件设备相结合，不仅体现了 HETU 对整个作业节奏的控制、连接运维等能力，还实现了人、设备、订单、空间、货的高效协同。

2019 年，北京极智嘉科技股份有限公司（Geek+）宣布推出实体智慧物流版的应用程序平台即服务（application Platform as a Service，aPaaS）系统——"极智云脑"。极智云脑能够让客户轻松重构其解决方案，并在云端高效部署，自由调度机器人和各种设备，实现高度灵活的智能化系统，极大降低了智慧物流的部署门槛，让人工智能触手可及。

而针对无人仓内物流机器人数量多，设备模型、接口、技术特点驳杂繁多，设备巡检和及时维护工作量大等情况，京东物流也推出了"×仓储大脑"。据介绍，×仓储大脑自 2018 年 8 月投入应用后，在人工智能等技术的助力下，提升规划、运营监控及维保效率高达 80%，降低人力成本高达 50%。

7. 无人驾驶与智能副驾

运输是物流的重要一环，人工智能在该环节的应用表现在多个方面，如无人驾驶、车队管理、智能副驾等。以无人驾驶为例，实现无人驾驶，要依靠 3 个环节，即感知、处理及执行，这 3 个环节都离不开人工智能。

中寰卫星导航通信有限公司曾发布智能副驾产品，该产品依托远程通信模块（Telematics BOX，T-Box）、高级驾驶辅助系统（Advanced Driving Assistance System，ADAS）和经销商管理系统（Dealer Management System，DMS）等车载智能硬件设备，通过传感器数据融合和智能算法，结合 ADAS 地图等位置服务，从人、车、路 3 方面建立协同的安全管理机制，及时感知道路运输过程中的不安全因素，并通过监控管理平台实时呈现、预警，依托安全共管云平台方案为商用车安全管理提供工具、手段和依据，降低风险、减少隐患，以实现在线的虚拟副驾。当司机有风险

系数不大的行为时，设备将启动报警，并上报平台，形成日报、月报，提供给车主甚至保险公司。如果出现重大风险，立即启动本地报警，如果本地报警没有引起司机重视，则使管理者介入；如果管理者依然没有解决，则会启动亲情电话，让司机的亲人在线对其提醒。

8．无人机与无人配送车

配送是货物流动过程的最后环节，也是物流链条上人力资源投入最大的环节。目前，在这一环节，常见的科技创新是无人机与无人车配送。亚马逊公司于 2013 年提出的 Prime Air 业务，将无人机引入物流领域。国内顺丰、京东、中通等企业也纷纷跟进。

无人配送车是应用在快递、快运配送与即时物流配送中的低速自动驾驶无人车，其核心技术架构与汽车自动驾驶系统基本一致。在新闻当中，我们也时常听说京东、菜鸟、美团、苏宁等企业的无人配送车在小区和校园等封闭区域配送、快递员接驳等多种场景中进行应用和测试。

例如，2019 年 8 月，苏宁物流对外公开 5G 无人配送车的路测实况，这也是 5G 技术应用从实验阶段走向商业化应用阶段的表现。

9．调度与分单

借助人工智能技术，可以实现物流运配环节车辆、人员、设备等作业资源的协调统一，使作业效率最大化。

以外卖行业为例，美团公司的实时智能配送系统是大规模、高复杂度的多人多点实时智能配送调度系统，能够基于海量数据和人工智能算法，在消费者、骑手、商家三者中实现最优匹配，同时需要考虑骑手送餐是否顺路、天气如何、路况如何、预计送达时间、商家出餐时间等复杂因素，实现 30 分钟左右送达。

饿了么公司的方舟智能调度系统，通过使用深层次神经网络与多场景智能适配分单，引入"大商圈"概念，为平、高峰不同场景建立了不同的适配模型。得益于深度学习与多场景人工智能适配分单技术，该系统能实时感知供需、天气等变化，对预计送达时间、商家出餐时间、商圈未来订单负载等做出精准预测，消费者的订单将会在最优决策下被匹配最佳路径，保证配送效率和消费者的体验。

分单是快递的一个重要环节，人工智能的应用，使其实现了从人工分单到人工智能分单的转变。以送往北京的包裹为例，过去包裹到达北京的转运中心之后，需要人工对包裹进行第一次分拨，哪些去往海淀区，哪些去往东城区，不同去向的包裹会被写上不同的编号。到达网点之后要经过第二次分拨。到达配送站之后，快递员之间需要进行第三次分拨。这些分单工作人员，要达到熟练工作至少要经过半年的训练。一个转运中心多则需要 100 多人三班倒工作，少则需要几十人，还会经常出错，出现类似去往北京的包裹意外送到了深圳这样的问题，严重影响派送效率和消费者体验。菜鸟网络科技有限公司通过人工智能技术、大规模的机器学习技术处理海量数据，实现智能分单。包裹发出时，就会对包裹要去往的网点及快递员做出精准的对应，并在面单上标识出编号，无须再由人工手写分单。包裹到达转运中心、网点及配送站之后，工作人员根据编号即可判断包裹的分配，分单准确率达到 99.99%，派送效率也得到提高。

10．客服

以自然语言理解为核心的认知智能研究也是人工智能领域的核心研究之一，目标是让机器具备处理海量语音内容和认识、理解自然口语的能力，并在此基础上实现自然的人机交互。在日常生活中，小度、小爱等智能音箱产品都是代表案例，而在物流快递业当中，其可以应用的场景之一是客服。客服工作难度大，人员流失率也高，为此许多企业都在打造智能客服系统。"三通一达"（指圆通速递、申通速递、中通速递、韵达快递）、顺丰、美团、饿了么等公司均已上线了语音和文字智能客服，其服务半径辐射 80%以上终端消费者。菜鸟网络科技有限公司也曾发布语音助手这一产品。

以圆通速递为例，圆通速递从 2017 年开始相继在官网、微信等渠道上线国内版智能在线机器人客服，代替或协助人工在线客服完成客户服务工作，一定程度上解决了客服用工成本高、服务时间难以满足客户需求的问题。相关资料显示，圆通速递高峰期每日电话呼入量超 200 万通，需要约 5000 人处理，在配备智能语音客服机器人后，高峰期 90%以上电话呼入可通过语音机器人处理，日均服务量超 30 万，每秒可处理并发呼入量超 1 万次，在控制成本的前提下，极大提高了人工效率。

除了上述案例，人工智能在路径规划、智能选址、智能路由、商品布局等方面也均有应用。

【训练 6-5】探析人工智能在计算机视觉和模式识别中的应用及其技术原理

【训练描述】

人工智能的应用领域非常多，试探析人工智能在计算机视觉和模式识别中的应用及其技术原理。

【训练实施】

1．计算机视觉

计算机视觉是一个广阔的领域，它包括涉及图像和视频等类型视觉信息的模式识别等。计算机视觉以图像、静止的视频图像或系列图像（视频）作为输入，经过算法（即模型）的处理，产生输出结果，如图 6-1 所示。

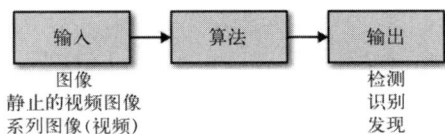

输入　算法　输出

图像　　　　　　　　　　检测
静止的视频图像　　　　　识别
系列图像（视频）　　　　发现

图 6-1　计算机视觉

输出可以是检测、识别和发现的某个目标、特征或者活动。计算机视觉相关的应用隐含着一定程度的自动化，特别是自动化视觉，通常需要人在应用中参与（如检查）。

计算机视觉有许多有趣而且强大的应用，同时应用场景也在快速增加。可以在如下场景中使用计算机视觉。

- 视频分析和内容筛选
- 唇读
- 指挥自动化机器（如汽车和无人机）
- 视频识别和描述
- 视频字幕
- 识别拥抱和握手之类的人际交互动作
- 机器人及其控制系统

- 人群密度估算
- 清点人数
- 检查与质量控制
- 零售客户步行路径分析及参与度分析

通过应用计算机视觉相关技术，无人机能够执行检查工作（如检查石油管道、无线信号塔等）、完成建筑搜索和区域搜索、帮助制作地图和送货。计算机视觉现在正广泛应用于公安、安保等方面。当然，这些方面的应用也要注意符合法律和伦理道德，保护用户利益。

2. 模式识别

模式识别的过程即输入非结构化数据，经过算法（即模型）处理，继而检测是否存在某种特定的模式（算法），然后为识别出的模式分配一个类别，或者发现所识别模式的主题，如图 6-2 所示。

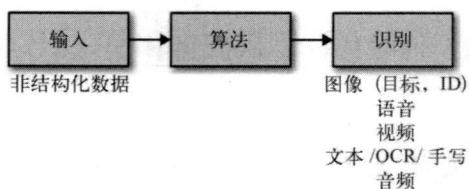

图 6-2　模式识别

这些非结构化数据可以包括图像（包括视频和一系列静止的图像）、音频（如音乐和声音）和文本。文本可以根据其特性进一步细分为电子文本、手写文本或者打印文本（例如纸、支票、车牌号）。以图像为输入的目的可能是检测目标、识别目标、发现目标，或者三者皆是。检测是指发现不同于背景的目标，也包括对目标位置的测量和围绕被检测目标边际框的具体测量。识别是指为检测到的目标分类或打标签的过程，会更进一步为所识别的人脸分配身份。

音频识别的应用包括以下几点。

- 语音识别
- 将语音转换为文本
- 分离语音并识别出讲话者
- 基于声音、实时客服和销售电话的情感智能分析
- 森林砍伐声音检测
- 缺陷检测（如制造过程中的缺陷或零配件失效）

模式识别的其他应用包括以下几点。

- 识别视频和音频中的文字
- 在图像上打标签和将图像分类
- 汽车保险中基于图像来评估汽车受损程度
- 从视频和音频中提取信息
- 基于面部表情和声音的情感识别
- 面部表情识别

最后，手写或打印的文本可以通过光学字符识别和手写字符识别转换为电子文档，电子文档

也可以转换为语音，但这被认为更可能是人工智能的生成性应用，而不是识别性应用。

【训练 6-6】探析人工智能在自然语言领域的应用及其技术原理

【训练描述】

自然语言是人工智能发展与应用中非常有趣且发展迅速的领域，通常分成 3 个子领域：自然语言处理（Natural Language Processing，NLP）、自然语言生成（Natural Language Generation，NLG）和自然语言理解（Natural Language Understanding，NLU）。下面分别探析人工智能在这 3 个子领域的应用及其技术原理。

【训练实施】

1. 自然语言处理

自然语言处理过程即输入文本、语音或手写内容转换的文本，经过自然语言处理算法处理后，输出结构化的数据，如图 6-3 所示。

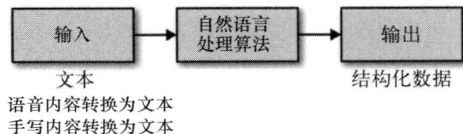

图 6-3　自然语言处理

与自然语言处理相关的具体任务和技术包括以下几点。

- 量化和目标文本分析
- 语音识别（语音转换为文本）
- 话题模型（如明确话题和文档中讨论的主题所属的类别）
- 情感分析（将情感分为正面、负面和中性这三类）
- 主体检测（如检测出人、地点）
- 命名识别（如识别出大峡谷）
- 语义相似性分析（如分析不同词和文本之间在总体意思上的相似性）
- 为部分语音打标签（如给词语打上名词、动词的标签）
- 机器翻译（如英文与法文的相互翻译）

一个具体的自然语言处理应用涉及公司会议录音、文本转换，然后提供会议总结，其中包括围绕不同话题的分析等。

另外一个应用是采用自然语言处理来对招聘面试人员进行分析，并根据性别中立性、语调、措辞等因素给出整体评分。采用自然语言处理还能为提高评分和整体工作描述提供优化建议。

自然语言处理的其他应用还包括以下几点。

- 基于情感的新闻聚合
- 情感驱动的社会媒体调查和品牌监控
- 电影评论和产品评论的情感分析
- 动物声音转换

现在有许多云计算服务提供商通过自然语言处理服务和标准应用程序接口（Application Program Interface，API）来提供以上功能。

2．自然语言生成

自然语言生成以结构化数据的形式来输入语言，经过自然语言生成算法处理，产生对应语言作为输出，如图 6-4 所示。这种输出语言可以是文本或者文本转换的语音的形式。输入的结构化数据可以是比赛中运动员情况的统计数据、广告效果数据或者公司的财务数据等。

图 6-4　自然语言生成

自然语言生成的应用包括以下几点。

- 根据句子和文档自动产生文本概述
- 简要回顾（如新闻和体育）
- 看图写作
- 业务分析报告概要
- 招聘人员参与医学研究
- 自然语言形式的用户账单
- 与公司收入报告相关的新闻发布

3．自然语言理解

自然语言理解以语言为输入（文本、语音或手写内容转换的文本），经过自然语言理解算法的处理，产生可以被理解的语言作为输出，如图 6-5 所示。所产生的可理解语言可以用来采取行动、生成响应、回答问题、进行对话等。

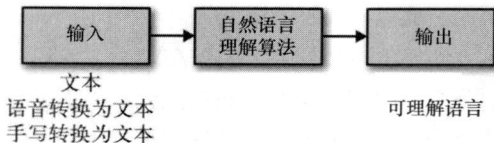

图 6-5　自然语言理解

"理解"一词非常深奥且具有哲学性质，并涉及领悟的概念。理解所指的能力，往往不仅包括领悟信息（与死记硬背相反），还包括把理解的信息与现存知识整合，并以此作为不断增长的知识基础。

在不进行全面哲学讨论的情况下，我们仅用词语"理解"来表示算法能够对输入语言做更多的工作，而不仅是解析并执行简单的任务，如文本分析。自然语言理解要解决的问题显然比自然语言处理和自然语言生成要解决的问题（普通人工智能问题）难得多。

目前对自然语言理解的研究日臻完善，已经有了包括个人虚拟助理、聊天机器人、客户成功（支持与服务）代理、销售代理等在内的应用。这些应用通常包括某些形式的手写内容或语音对话，主要作为信息搜集工具、问题解答工具或者某些协助性工具。

个人虚拟助理的具体应用案例包括亚马逊公司的 Alexa、苹果公司的 Siri、谷歌公司的 Assistant

及 Nuance 公司的 Nina 等。聊天机器人的应用案例包括工作面试顾问、学生学习顾问和商业保险专家等。

【训练 6-7】探析物联网技术在智能交通中的应用

【训练描述】

随着城市化进程的加快，城市交通问题也越来越突出。智能交通在解决交通问题方面的作用日益凸显，智能交通受到越来越多的关注。交通被认为是物联网所有应用场景中最有前景的应用场景之一。

智能交通将先进的信息技术、数据传输技术及计算机处理技术等有效地集成到交通运输管理体系中，使人、车和路能够紧密地配合，实现改善交通运输环境和提高资源利用率等目的。

试探析物联网技术在智能交通中的应用和物联网在智能交通里的应用场景。

【训练实施】

物联网作为新一代信息技术的重要组成部分，通过全球定位系统（Global Positioning System，GPS）、RFID 等信息感应设备，按照约定的协议，能够使任何物体与互联网相连，进行信息交换和通信。随着物联网技术的不断发展，也为智能交通系统的进一步发展和完善注入了新的动力。

1．物联网技术在智能交通中的应用

（1）视频监控与采集技术

视频监控与采集技术可以实现视频图像和模式识别的结合，为更好地解决交通问题打下基础。视频检测系统将视频采集设备采集到的连续模拟图像转换成离散的数字图像后，经分析和处理后得到路上行驶车辆的车牌号码、车型等信息，然后计算出交通流量、车速、车头时距等交通参数。

（2）GPS 技术

GPS 技术是很多车内导航系统的核心技术，车辆中配备的嵌入式 GPS 接收器能够接收多个不同卫星的信号并计算出车辆当前所在的位置。随着 GPS 技术的进一步提升，定位的误差也越来越小。

（3）位置感知技术

通过在专门的车辆上部署位置感知技术的接收器，并以一定的时间间隔记录车辆的三维位置坐标（经度坐标、纬度坐标、高度坐标）和时间信息，辅以电子地图数据，便可以计算出道路行驶速度等交通数据。

（4）RFID 技术

RFID 技术可以通过射频信号自动识别目标对象并获取相关数据，识别工作无须人工干预，可用于各种恶劣环境。RFID 技术可识别高速运动物体，并可同时识别多个标签，操作快捷方便。RFID 技术具有车辆通信、自动识别、定位、远距离监控等功能，在移动车辆的识别和管理系统方面有着非常广泛的应用。

2．物联网在智能交通里的应用场景

（1）智能公交

智能公交通过 RFID、传感等技术，实时了解公交车的位置，实现弯道及路线提醒等功能。同时能结合公交车的运行特点，通过智能调度系统，对线路、车辆进行规划和调度，实现智能排班。

（2）共享自行车

共享自行车通过配有 GPS 或窄带物联网（Narrowband-Internet of Things，NB-IoT）模块的智能锁，将数据上传到共享服务平台，实现车辆精准定位、实时掌控车辆运行状态等。

（3）车联网

车联网利用先进的传感器和摄像头等设备，采集车辆周围的环境信息和车辆自身的信息，将数据传输至车载系统，实时监控车辆运行状态，包括油耗、车速等。

（4）智能红绿灯

智能红绿灯通过安装在路口的雷达装置，实时监测路口的行车数量、车距及车速，同时监测行人的数量及外界天气状况，动态地调控交通信号灯的信号，提高路口车辆通行率，减少交通信号灯的空放时间，最终提高道路的承载力。

（5）汽车电子标识

汽车电子标识又叫电子车牌，通过 RFID 技术，可以自动地、非接触地完成车辆的识别与监控，将采集到的信息传输到交管系统，实现车辆的监管，辅助解决交通肇事、逃逸等问题。

（6）充电桩

运用传感器采集充电桩电量、状态及位置等信息，将采集到的数据实时传输到云平台，通过 App 与云平台进行连接，可实现统一管理等功能。

（7）智慧停车

在城市交通出行领域，由于存在停车位资源有限、停车效率低下等问题，智慧停车应运而生。智慧停车以停车位资源为基础，通过安装地磁感应、摄像头等装置，实现车牌识别、车位的查找与预定及使用 App 自动支付等功能。

（8）高速无感收费

高速无感收费是通过摄像头识别车牌信息，根据车辆行驶的里程，自动通过与车牌绑定的微信或者支付宝收取费用，实现无感收费，提高通行效率、缩短车辆等候时间等。

以物联网、大数据、人工智能等为代表的新技术能有效地解决交通拥堵、停车位资源有限、交通信号灯变化不合理等问题，智能交通得以实现。智能交通系统在许多城市已经开始规模化应用，市场前景广阔，随着技术的不断发展，物联网在智能交通领域的应用也将继续深入。

【训练 6-8】探析物联网技术在环境监测中的应用

【训练描述】

当前，物联网技术已经成为环境监测工作的主要手段，在社会发展中所起到的作用也十分突出。

将物联网技术应用到环境监测中，可以实现对环境信息的采集、传输、分析及存储，可以为环境监测提供更多全面、准确的数据信息。将这些数据信息进行整理和分析，能够及时有效地发现其中存在的问题，做好预防和控制工作，提升环境监测质量和监测效率，有助于推动环境管理工作持续发展。

试探析物联网技术在大气监测、水质监测、污水处理监测等方面的应用。

【训练实施】

1．大气监测

大气监测是环境监测工作中的重要组成部分，相关监测人员要对大气中存在的污染物定期观察和分析，以此来判断大气中污染物含量是否超标。物联网传感器技术在环境监测中的应用包括在监测有毒物质区域安装传感器，或者在人口稠密地区安装传感器。应用了物联网技术的传感器监测的范围更广，在传感器监测范围内，如果出现大气污染问题，或者监测内容突然剧烈变化，就能利用传感器技术对变化或问题进行更深层次的了解，从而寻求合理的应对措施，做好预防工作。

2．水质监测

水质监测工作涉及范围较广，其中包含对工业排水和天然水污染的监测，同时也包括对没有被污染的水资源的监测。在水质监测工作中，不仅需要对水质问题进行分析和判断，还要对水资源中有毒物质进行更加全面的了解。就当前我国水质监测工作现状来看，主要监测工作分为日常饮用水监测和水质污染监测两方面，对日常饮用水监测是将传感器和相关设备安装在水源地，根据每日对水源地水质情况的监测，实时分析和掌握水质情况；对水质污染监测则是对工业废水的监测，能够有效预防重大污染问题出现，从而有效地对污染排放情况进行管理和控制。

3．污水处理监测

人们对水资源保护和再利用问题的重视程度在逐渐提高，尤其是对水质的监测工作的高度重视，其已成为抑制水污染问题的主要手段，具有十分深远的影响和重大的意义。在污水处理监测中应用物联网和传感器技术，可以对污水处理情况进行实时监测，可以有效降低人员劳动强度，促使污水处理技术在真实性、全面性方面获得有效保障。

【考核评价】

【技能测试】

【测试 6-1】通过 Internet 搜索招聘网站与获取招聘信息

借助百度网站获取前程无忧人才招聘网、智联招聘网等网站的网址，然后打开这些网站的首页，浏览其中的招聘信息，搜索与记录所需的招聘信息。

【测试 6-2】通过 Internet 查询旅游景点信息

通过携程旅行网查询并记录张家界和黄山这两个著名的旅游景点的信息。

【测试 6-3】通过 Internet 查询火车车次及时间

通过中国铁路 12306 网站查询"长沙—北京"的火车车次及时间。

【测试 6-4】通过 Internet 查询乘车路线

利用百度地图查询从"天安门"出发到"北京西站"的乘车路线。

【测试 6-5】通过 Internet 搜索与获取台式计算机配置方案

通过中关村在线网站搜索与获取一款价格范围为 7000～8000 元的台式计算机配置方案。

【测试 6-6】通过 Internet 搜索与下载所需的资料

① 通过百度网站搜索与下载"全国计算机等级考试一级"的最新考试大纲。
② 通过百度网站搜索与下载有关"物联网"的资料。

【习题】

1. 在计算机网络中，英文缩写 LAN 的中文名是（　　　）。
   A. 局域网　　　　B. 城域网　　　　C. 广域网　　　　D. 无线网
2. 计算机网络最突出的优点是（　　　）。
   A. 精度高　　　　B. 共享资源　　　　C. 运算速度快　　　　D. 容量大
3. Internet 的中文名称为因特网，又叫作（　　　）。
   A. 互联网　　　　B. 国际互联网　　　　C. 局域网　　　　D. 校园网
4. 以下属于计算机网络功能中数据传输功能的是（　　　）。
   A. 电子邮件　　　　　　　　　　　B. QQ 交流
   C. 视频聊天　　　　　　　　　　　D. 以上三项都是
5. 在域名 blog.sina.com.cn 中，代表计算机名字的是（　　　）。
   A. blog　　　　B. sina　　　　C. com　　　　D. cn
6. 一台计算机上连接的打印机、扫描仪等外部设备，同一个局域网中的其他计算机也可以使用，这主要体现了计算机网络的（　　　）功能。
   A. 数据传输　　　　B. 资源共享　　　　C. 分布处理　　　　D. 网络共享
7. QQ 邮箱的网址中的 mail 表示的是（　　　）。
   A. 域名　　　　B. 网络名　　　　C. 主机名　　　　D. 机构名
8. 代表中国的地区域名是（　　　）。
   A. .com　　　　B. .cn　　　　C. .edu　　　　D. .gov
9. 主机、网络设备和传输介质组成了（　　　）。
   A. 计算机网络软件　　　　　　　　B. 计算机网络
   C. 计算机网络硬件　　　　　　　　D. 局域网
10. 按地域范围划分，计算机网络不包括（　　　）。
    A. 互联网　　　　B. 广域网　　　　C. 城域网　　　　D. 局域网
11. 通过 Internet 提供的 FTP 服务可以实现（　　　）。
    A. 电子邮件发送　B. 视频聊天　　　C. 远程登录　　　D. 文件传输
12. 关于搜索引擎，下列说法错误的是（　　　）。
    A. 通过识图功能可以用图片搜索信息

B. 语音搜索等智能化搜索日渐成熟

C. 通过网络搜索引擎不但能检索到网络上的信息，还能搜索本地计算机上的文件和文件夹

D. 搜索引擎不能对搜索结果进行真伪鉴别

13. 互联网时代，计算机病毒对我们的信息安全构成了很大危险，对于计算机病毒的认识，以下正确的是（　　　）。

A. 杀毒软件可以多安装几个，更加安全

B. 有了杀毒软件的防护，系统补丁就不用安装了

C. 机房的计算机重启后会还原，所以在机房上网不用担心信息安全

D. 杀毒软件的防护能力和杀毒能力同样重要

14. 旅游途中我们经常和朋友分享优美的风景照片，一般不会选择的分享方式是（　　　）。

A. 电子邮箱　　　　　B. QQ　　　　　C. 微信　　　　　D. 微博

15. 现在微信成为人们必不可少的一款软件，为我们的日常生活提供了很多便利。关于微信，下列说法错误的是（　　　）。

A. 提供即时通信服务，可以建立微信群

B. 不仅可以发布文字，还可以发布图片、语音、视频

C. 微信公众号可以通过设置关键字，进行自动回复

D. 微信发布的信息都是真实的

16. 微信是常用的信息交流工具，下列不能添加微信好友的方式是（　　　）。

A. 使用手机扫描对方的微信二维码

B. 通过手机联系人添加对方为好友

C. 通过雷达添加身边的朋友为微信好友

D. 通过搜索对方的身份证号添加为微信好友

17. 小明的电子邮箱最近收到了多个邮件地址发来的主题为发票的垃圾邮件，以下方法中不能解决此问题的是（　　　）。

A. 向邮件服务商举报垃圾邮件　　　　　B. 使用黑名单

C. 使用邮件过滤器　　　　　　　　　　D. 更改电子邮箱账户密码

18. 小丽申请了一个电子邮箱，在使用过程中，以下说法错误的是（　　　）。

A. 发送电子邮件时必须有收件人的邮件地址

B. 邮件地址可以添加到通讯录中

C. 可以同时给多个电子邮箱发送电子邮件

D. 电子邮件的附件只能是压缩文件

19. 某报社举办征文比赛，要求参赛的选手将征文发送到指定的电子邮箱，为了能让参赛选手及时得知征文发送成功与否，该报社可以使用电子邮箱的（　　　）功能。

A. 邮件过滤　　　　　B. 定时发送　　　　　C. 自动回复　　　　　D. 自动转发

20. （　　　）是一种利用人工智能对视频、图像进行存储和分析，从中识别安全隐患并对其进行处理的技术。

A. 传统安防技术　　　　B. 智能交通技术　　　　C. 文档技术　　　　D. 智能安防技术

21. 小明同学想把国庆节班级活动的照片分享给大家，其中最不合适的方式是（　　　）。

A. 通过云盘分享　　　　B. U 盘复制　　　　C. 发到群共享　　　　D. 发群邮件

22. 下列对大数据的"4V"特征的描述中错误的是（　　　）。

    A. 从微观而言，规模达到亿条数据，存储空间占用超过 1TB 的数据都可以称为大数据

    B. 以往传统的数据以结构化数据为主，但随着更多互联网多媒体应用的出现，使图片、声音和视频等非结构化数据占到了很大比重

    C. 对大数据的快速处理和分析，能够为实时洞察市场变化、迅速做出响应、把握市场先机提供决策支持

    D. 大数据的价值密度很高，因此具有巨大的价值

23. 下列对大数据特点的描述中错误的是（　　　）。

    A. 总体而言，大数据的重要特点是简单与大规模

    B. 为了提升大数据处理效能，大数据在本质上放弃了一些数据处理的要求

    C. 大数据能够同时满足一致性、分区容错性及可用性要求

    D. 大数据通常会牺牲一致性要求很高的事务处理（多个操作的组合）操作，仅提供最简单的读/写操作来实现超大规模的存储和访问能力

24. 大数据已经在众多领域中被应用，下列对大数据应用案例的描述中正确的是（　　　）。

    A. 在零售行业可利用大数据开展精准营销、产品推荐、顾客忠诚度分析等

    B. 在金融行业可利用大数据开展智能决策、客户信用度分析、金融服务创新等

    C. 在交通行业可利用大数据开展交通方案优化、最佳出行路线制定、突发事故处理等

    D. 在互联网行业可利用大数据开展市场动态洞察、社交网络分析、互联网产品创新等

25. （　　　）反映数据的精细化程度，精细化程度越高的数据，价值越高。

    A. 规模　　　　　　　B. 活性　　　　　　　C. 关联度　　　　　　　D. 颗粒度

26. 大数据的最显著特征是（　　　）。

    A. 数据规模大　　　　　　　　　　　　B. 数据类型多样

    C. 数据处理速度快　　　　　　　　　　D. 数据价值密度高

27. 当前社会中，最为突出的大数据环境是（　　　）。

    A. 互联网　　　　　　B. 物联网　　　　　　C. 综合国力　　　　　　D. 自然资源

28. 下列关于网络用户行为的说法中，错误的是（　　　）。

    A. 网络公司能够捕捉到用户在其网站上的所有行为

    B. 用户离散的交互痕迹能够为企业提升服务质量提供参考

    C. 数字轨迹用完即自动删除

    D. 用户的隐私安全很难得到规范保护

29. 下列关于计算机存储容量单位的说法中，错误的是（　　　）。

    A. 1KB < 1MB < 1GB　　　　　　　　　B. 基本单位是字节（Byte）

    C. 一个汉字需要一个字节的存储空间　　D. 一个字节的存储空间能够容纳一个英文字符

30. 大数据时代，数据使用的关键是（　　　）。

    A. 数据收集　　　　B. 数据存储　　　　C. 数据分析　　　　D. 数据再利用

31. 下列关于脏数据的说法中，正确的是（　　　）。

    A. 格式不规范　　　　　　　　　　　　B. 编码不统一

    C. 意义不明确　　　　　　　　　　　　D. 与实际业务关系不大

32. 下列关于大数据的说法中，错误的是（　　　）。

A. 大数据具有体量大、结构单一、时效性强的特征

B. 处理大数据需采用新型计算架构和智能算法等

C. 大数据的应用注重相关分析而不是因果分析

D. 大数据的应用注重因果分析而不是相关分析

33. 以下选项中（   ）通过 Internet 提供软件的模式（用户无须购买软件，而是向提供商租用基于 Web 的软件）来管理企业经营活动。

A. IaaS   B. PaaS   C. SaaS   D. DaaS

34. 云计算是对（   ）技术的发展与运用。

A. 并行计算   B. 量子计算   C. 分布式计算   D. 网格计算

35. 云计算的主要特征包括（   ）。

A. 以网络为中心   B. 以服务为提供方式

C. 资源的池化与透明化   D. 高扩展性和高可靠性

36. 云计算服务模型中的 IaaS 是指（   ）。

A. Information as a Service   B. Infrastructure as a Service

C. Influence as a Service   D. Instruction as a Service

37. 下列对云计算部署模式的描述中正确的是（   ）。

A. 私有云是部署在企业内部，服务于内部用户的云计算类型

B. 公有云一般由云计算服务提供商搭建，是一种面向公众的云计算类型

C. 混合云包含两种以上类型的云计算形式，典型的是由公有云和私有云构成的混合云

D. 基于上述主要部署模式，可以产生新的云计算资源部署和服务模式，如虚拟私有云、客户专属私有云等

38. 关于云计算说法正确的是（   ）。

A. 云计算是一种技术   B. 云计算是一种服务模式

C. 云计算是一种计算资源调度方式   D. 云计算主要用于科学计算

39. 关于云计算说法错误的是（   ）。

A. 租户使用云计算资源时需要与服务提供商进行大量的交互

B. 服务提供商提供的云计算资源能被快速提供

C. 云计算资源可以按需使用

D. 云计算资源可以按量付费

40. 大数据的"4V"特征不包括（   ）。

A. Virtual   B. Volume   C. Variety   D. Velocity

41. 大数据对处理数据的要求不包括（   ）。

A. 高可靠性   B. 处理成本高   C. 虚拟化   D. 高扩展性

42. 基础设施即服务的英文简称是（   ）。

A. IaaS   B. PaaS   C. SaaS   D. DaaS

43. 平台即服务的英文简称是（   ）。

A. IaaS   B. PaaS   C. SaaS   D. DaaS

44. 软件即服务的英文简称是（   ）。

A. IaaS   B. PaaS   C. SaaS   D. DaaS

45. 基础设施即服务的含义是（　　　　）。

    A. 客户通过 Internet 可以从完善的计算机基础设施获得服务

    B. 将软件研发的平台作为一种服务

    C. 一种通过 Internet 提供软件的模式，用户无须购买软件，而是向云计算服务提供商租用软件

    D. 用户无须购买 PC，直接向云计算服务提供商租用一台虚拟机

46. 平台即服务的含义是（　　　　）。

    A. 客户通过 Internet 可以从完善的计算机基础设施获得服务

    B. 将软件研发的平台作为一种服务

    C. 一种通过 Internet 提供软件的模式，用户无须购买软件，而是向云计算服务提供商
       租用软件

    D. 用户无须购买 PC，直接向云计算服务提供商租用一台虚拟机

47. 软件即服务的含义是（　　　　）。

    A. 客户通过 Internet 可以从完善的计算机基础设施获得服务

    B. 将软件研发的平台作为一种服务

    C. 一种通过 Internet 提供软件的模式，用户无须购买软件，而是向云计算服务提供商
       租用软件

    D. 用户无须购买 PC，直接向云计算服务提供商租用一台虚拟机

48. 以下不属于云计算的部署模式的是（　　　　）。

    A. 公有云   B. 私有云   C. 网易云   D. 混合云

49. 介于公有、私有之间的一种形式，每个客户的企业规模都不大，但自身又处于敏感行业，上公有
    云在政策和管理上都有限制和风险，所以就多家联合构建一个云平台，该部署模式属于（　　　　）。

    A. 私有云   B. 混合云   C. 社区云   D. 公有云

50. 以下属于物联网在个人用户的智能控制类应用的是（　　　　）。

    A. 精细农业   B. 智能交通   C. 医疗保险   D. 智能家居

51. 下列存储方式不属于物联网数据的存储方式的是（　　　　）。

    A. 集中式存储   B. 异地存储   C. 本地存储   D. 分布式存储

52. 智能家居的核心特性是（　　　　）。

    A. 高享受、高智能   B. 高效率、低成本

    C. 安全、舒适   D. 智能、低成本

53. 以下智能农业的应用中，基于物联网的智能控制管理系统，主要包括水质监测、环境监测、
    视频监测、远程控制、短信通知等功能的是（　　　　）。

    A. 智能温室   B. 节水灌溉

    C. 智能化培育控制   D. 水产养殖环境监控

54. 以下不属于物联网关键技术的是（　　　　）。

    A. 全球定位系统   B. 视频车辆监测

    C. 移动电话技术   D. 有线网络

55. 不属于智能交通实际应用的是（　　　　）。

    A. 不停车收费系统   B. 先进的车辆控制系统

    C. 探测车辆和设备   D. 先进的公共交通系统

56. "智能与绿色建筑"将环保技术、节能技术、（　　）、网络技术渗透到居民生活的各个方面，用最新的理念、最先进的技术和最快的速度去解决生态节能与居住舒适度问题。

  A. 信息技术   B. 安全技术   C. 智能技术   D. 监控技术

57. 面向智慧医疗的物联网系统大致可分为终端及感知层、延伸层、应用层和（　　）。

  A. 传输层   B. 接口层   C. 网络层   D. 表示层

58. 物联网在物流领域的应用，催生出了许多智能物流方面的应用，以下不属于其在智能物流方面的应用的是（　　）。

  A. 智能海关   B. 智能邮政   C. 智能配送   D. 智能交通

59. （　　）是产品电子代码的物理载体，附着于可跟踪的物品上，可全球流通并对其进行识别和读写。

  A. 电子标签   B. 射频技术   C. 射频标签   D. 生物识别技术

60. 人工智能的目的是让机器能够（　　），以实现某些脑力劳动的机械化。

  A. 具有完全的智能   B. 和人脑一样考虑问题

  C. 完全代替人   D. 模拟、延伸和扩展人的智能

61. 下列关于人工智能的叙述不正确的是（　　）。

  A. 人工智能技术与其他科学技术相结合极大地提高了应用技术的智能化水平

  B. 人工智能是科学技术发展的趋势

  C. 因为人工智能的系统研究是从 20 世纪 50 年代才开始的，属于新兴的研究领域，所以十分重要

  D. 人工智能有力地促进了社会的发展

62. 自然语言理解是人工智能的重要应用领域，下列不属于它要实现的目标的是（　　）。

  A. 理解别人讲的话

  B. 对自然语言表示的信息进行分析、概括或编辑

  C. 欣赏音乐

  D. 机器翻译

63. 专家系统是一个复杂的智能系统，它处理的对象是用符号表示的知识，处理的过程是（　　）的过程。

  A. 思考   B. 回溯   C. 推理   D. 递归

64. 确定性知识是指（　　）知识。

  A. 可以精确表示的   B. 正确的

  C. 在大学中学到的知识   D. 能够解决问题的

65. 下面说法正确的是（　　）。

  A. 人工智能就是机器学习   B. 机器学习就是深度学习

  C. 人工智能就是深度学习   D. 深度学习是一种机器学习的方法

66. 下面对人类智能和机器智能的描述不正确的是（　　）。

  A. 人类智能能够自我学习，机器智能则大多依靠数据和规则驱动

  B. 人类智能具有自适应特点，机器智能则大多是"照葫芦画瓢"

  C. 人类智能和机器智能均具备常识，因此能够进行常识性推理

  D. 人类智能具备直觉和顿悟能力，机器智能很难具备这样的能力

67. 下面描述了现有深度学习这种人工智能方法的特点的是（   ）。

    A. 小数据，大任务   B. 大数据，小任务

    C. 小数据，小任务   D. 大数据，大任务

68. 人工智能的英文缩写是（   ）。

    A. AI   B. CPS   C. PC   D. IoT

69. 下列哪个不属于人工智能的研究领域？（   ）

    A. 机器证明   B. 模式识别   C. 人工生命   D. 编译原理

70. （   ）的飞速发展，为制造、家居、教育、交通、安防、医疗、物流等各行各业的发展和社会服务带来前所未有的变化，深刻改变了人类的社会生活，让人们的学习更个性，工作更便捷，生活更美好。

    A. 数据模型   B. 人工智能   C. 超级计算   D. 互联网

71. （   ）是通信、信息和控制技术在交通系统中集成应用的产物。

    A. 计算机   B. 手机   C. 智能交通系统   D. 智能问答系统

72. 下列有关人工智能的说法中，不正确的是（   ）。

    A. 人工智能是以机器为载体的智能   B. 人工智能是以人为载体的智能

    C. 人工智能是相对于动物的智能   D. 人工智能也叫机器智能